나침반의
  수수께끼

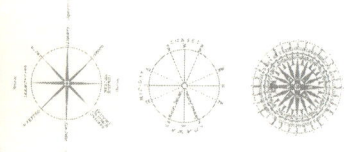

아미르 악셀의 다른 저서

《개연성 I(Probability I: Why There Must Be Intelligent Life in the Universe)》

《신의 방정식(God's Equation: Einstein, Relativity, and the Expanding Universe)》

《페르마의 마지막 정리(Fermat's Last Theorem: Unlocking the Secret of an Ancient Mathematical Problem)》

《무한의 신비(The Mystery of the Aleph: Mathematics, Kabbalah, and the Search for Infinity)》

The Riddle of the Compass : The Invention That Changed the World

나침반의 수수께끼

아미르 악셀 지음　김진준 옮김

경문사

THE RIDDLE OF THE COMPASS : The Invention That Changed the World

Copyright ⓒ 2001 by Amir D. Aczel
All rights reserved

Korean translation copyright ⓒ 2005 by Kyungmoon Publishers
Korean translation rights arranged with Harcourt, Inc.
through Eric Yang Agency, Seoul.

이 책의 한국어판 저작권은 에릭양에이전시를 통한
Harcourt, Inc.사와의 독점계약으로 한국어 판권을 '경문사' 가 소유합니다.
저작권법에 의하여 한국 내에서 보호를 받는 저작물이므로 무단전재와 복제를 금합니다.

나침반의 수수께끼

지은이 아미르 악셀
옮긴이 김진준
펴낸이 박문규
펴낸곳 경문사
출판등록 1979년 11월 9일 제9-9호
주소 (121-818) 서울 마포구 동교동 184-17
전화 02-332-2004
팩스 02-336-5193
홈페이지 www.kyungmoon.com
이메일 kms2004@kyungmoon.com

초판 1쇄 인쇄 2005년 11월 25일
초판 1쇄 발행 2005년 11월 30일

ISBN 89-7282-873-4 03400
* 책값은 뒤표지에 있습니다.

차례

머리말　7

오디세이　13

바다와 하늘의 길잡이　21

단테　41

에트루리아 샹들리에　51

아말피　65

플라비오 조이아의 유령　75

철제 물고기와 자철석 거북이　89

베네치아　103

마르코 폴로　123

지중해의 해도 그리기　135

항해 혁명　143

맺음말　161

옮긴이의 말　168

자료 출처에 대하여　170

참고 문헌　174

감사의 말　178

찾아보기　180

일러두기

1. 이 책의 원제는 《나침반의 수수께끼: 세계를 변화시킨 발명품(The Riddle of the Compass: The Invention That Changed the World)》이다.
2. '나침반(羅針盤)'이라는 말은 오늘날 사용되는 정교한 나침반을 연상시킨다. 그런데 이 책에는 단순한 자침(磁針)에서부터 오늘날의 발전된 형태에 이르는 온갖 나침반들이 등장한다. 그러므로 좀더 일반적인 '나침의(羅針儀)'가 적절한 용어이지만 시대착오적인 면이 있고 낯설기까지 해서 '나침반'으로 통일했다.
3. 지명과 인명은 외래어 표기법에 따르되 외국어 명칭의 영어식 이름은 현지 발음 및 철자로 표기했다. 가령 지명 '베니스(Venice)'와 '시실리(Sicily)'는 '베네치아(Venezia)'와 '시칠리아(Sicilia)'로, 인명 '피터(Peter)'와 '로저(Roger)'는 '피에르(Pierre)'와 '루지에로(Ruggiero)'로 각각 고쳐 썼다. 다만 주인이 바뀌면서 달라진 역사상의 지명들은 당시의 그것을 살렸고, 성서에 등장하는 몇몇 이름은 독자들에게 좀더 익숙한 성서 쪽의 표기를 따랐다. '마젤란(Magellan)/마가양이시(Magalhães)'처럼 본명이 너무 생소한 경우도 예외로 했다.
4. 주는 모두 옮긴이 주이다.

| 머리말 |

13세기 후반은 세계사의 새로운 출발점이었다. 20세기가 정보 혁명의 시대였고 18세기가 산업 혁명의 발단이었다면 13세기 말엽은 상업 혁명의 출발점이었다고 해도 무리가 없을 것이다.

1280년부터 불과 몇십 년 사이에 세계적으로 교역량이 급증했고, 그와 함께 베네치아, 에스파냐, 영국 등 해상 강국들이 번창했다. 그것을 가능하게 한 것은 다름 아닌 하나의 발명품, 바로 자기 나침반이었다. 나침반은 여행자들이 해상과 육상에서—그리고 훨씬 나중의 일이지만 공중에서도—밤이든 낮이든 거의 모든 여건에서 빠르고 정확하게 방향을 판단할 수 있도록 도와주던 최초의 도구였다. 나침반이 있었기에 바다를 건너 상품을 운반하는 것이 효율적이고 신뢰할 만한 방법이 되었고, 세계 각국은 비로소 적극적으로 해양 탐사에 나설 수 있었다. 그때부터 지구를 바라보는 시각도 완전히 달라졌다.

그러므로 나침반은 바퀴 이후에 만들어진 가장 중요한 기술적 발명품이었다. 고대에 만들어진 저울을 제외한다면 나침반이야말로 인간이 발명한 최초의 기계적 측정 도구였고, 또한 지침指針이 있어 측정값—여기서는 방향—을 시각적으로 확인할 수 있는 최초의 도구이기도 했다.

나침반의 중요성은 아무리 강조해도 과장이 아니다. 방향을 나타내는 지침면指針面이 있는 나침반은 700년 전에 등장했고, 그보다 단순한 자침磁針 나침반이 발명된 것은 지금으로부터 천 년 전이나 혹은 그 이전의 일이었다. 그러나 오늘날까지도 모든 배들은 전자 장치의 고장에 대비해서라도 나침반을 반드시 구비한다.

자기 나침반은 단순히 갈채받는 기술적, 과학적 발명품으로 그치지 않았다. 나침반은 하나의 시적 은유가 되었고, 오래 전부터 비의적秘儀的인 연구와 예언의 도구이기도 했다. 문명이 싹트기 시작할 무렵부터 사람들은 자기磁氣라는 자연 현상에 매혹되었다. 자철석磁鐵石: 자성을 가진 산화철 광물. '자화석', '자철광', '천연 자석' 이라고도 함은 일정한 거리에서 금속성 물체를 잡아당기는 불가사의한 힘이 있으므로 사람들은 그것이 뭔가 신비롭고 초자연적인 효능을 지녔다고 믿었다. 서양에 나침반이 알려지기 수세기 전부터 중국의 점쟁이들은 어떤 판단을 내리거나 예언을 할 때 자기 나침반의 도움을 받았다. 유럽에서도 (특히 지중해 연안에서) 자석 장치를 이용하는 종교들이 성행했다.

나침반의 기원은 비밀에 싸여 있다. 아니, 나침반의 역사 전체가 지금껏 만족스럽게 설명되지 못한 수많은 비밀들로 이루어졌다. 자기 나침반의 발명에 얽힌 이야기는 인류 문명 전반에 걸쳐 진행된다. 지리적으로는 중국에서부터 지중해, 스칸디나비아, 아라비아, 아프리카, 그리고 신세계까지 그야말로 전세계를 가로지르고, 시간적으로는 고대와 중세를 거쳐 우리 시대까지 계속되고 있다. 그렇게 나침반의 역사를 구성하고 있는 일련의 수수께끼들을 탐구하는 것이 바로 이 책의 목적이다. 이제부터 우리는 항해술과 무역과 세계 경제를 변화시킨 이 발명품의 신비를 살펴보게 된다.

나침반이 제 기능을 하는 것은 지구가 거대한 자석이기 때문이다. 자석은 자기장을 만들어내는 물질이다. 자기장이란 자석을 둘러싸고 있는 공간인데, 그 속에는 자석의 남극과 북극이라는 두 지점 사이에 존재하는, 그러나 눈에는 보이지 않은 힘의 선들이 있다. 자기장은 가령 전류가 흐를 때처럼 전자가 움직일 때 발생한다. 특히 사철석과 같은 천연 자석들은 그 속에서 전자가 움직이는 독특한 방식 때문에 자력을 띠는 것이다. 자기장은 철이나 그와 유사한 요소들을 잡아당기는 작용을 하고, 자석의 방향에 따라 다른 자석을 끌거나 밀어낸다. 같은 극끼리는 밀어내고 다른 극끼리는 끌어당기는 것이다. 그래서 자기장 속에 자석을 놓아두었을 때, 그 자석이 자유롭게 움직일 수만 있다면 자기장에 맞춰 방향을 바꾸게 된다.

지구의 핵은 용해된 철로 이루어져 지표면 아래의 깊은 곳에서 구球의 형태로 소용돌이치고 있다. 이렇게 막대한 양의 쇳물이 지각 밑에서 회전하며 만들어내는 흐름은 곧 발전發電 작용을 하고, 그 결과로 자기가 발생한다. 이러한 흐름 때문에 지구 전체가 자기장과 남극과 북극이 있는 거대한 자석이 되는 것이다.

　나침반의 자침은 자유롭게 회전하며 방향을 잡을 수 있도록 물에 띄우거나 공중에 매달아놓은 작은 자석이다. 이 자석은 지구라는 거대한 자석이 만들어낸 자기장에 반응하며 그에 따라 방향을 돌린다. 맞은편 그림은 이같은 현상을 설명한 것이다.

　지구의 자북극磁北極은 우리가 북쪽으로 알고 있는 그 방향에 언제나 있었던 것이 아니고, 지구의 자남극磁南極도 언제나 지금의 남쪽에 있지는 않았다. 지구의 양극은 수십만 년 동안 변함없이 유지되다가 갑자기 역전되곤 하기 때문이다. 자북극은 자남극이 되고 자남극은 자북극이 되는 것이다. 과학자들은 지질학적 퇴적물 속에서 지구 자기장과 동일한 방향으로 배열된 원소들을 연구하고 그 원소들이 응고되기 이전에 자유롭게 움직이며 방향을 잡을 수 있었던 시기를 산정함으로써 이 신비로운 현상을 추론해냈다. 무엇 때문에 이렇게 지구의 양극이 역전되는지, 그리고 다음 역전 현상은 언제 발생할 것인지는 알 수 없다. 그러나 만약 여러분이 지구 양극의 마지막 역전 현상이 일어났던 30만 년 전으로 배를 타고 항해에 나선다면 여러분이 가진 나침반의 자침은 오늘날의 북쪽이 아니라 남쪽을 가리켰을 것이다.

　나침반은 꽤 믿음직스러운 도구지만 그 기능에 영향을 미치는 몇 가지 요인들이 있다. 지구의 자북극은 지리학적인 진북극眞北極에서

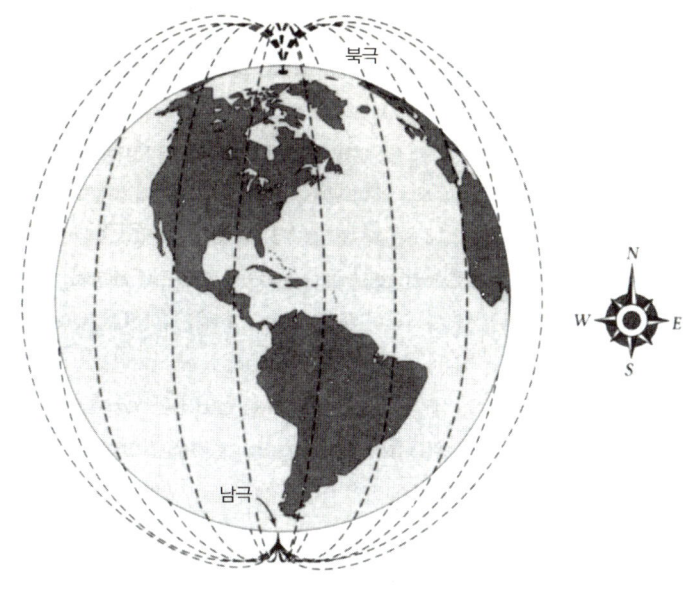

자기 나침반의 작용 원리

조금 벗어나 있다. 진북을 벗어난 이 편각(偏角: 자침이 가리키는 방향과 그 점을 지나는 지리학적 자오선과의 사이에 이루어지는 각. 자침이 가리키는 북쪽과 진북이 일치하지 않기 때문에 생김)의 크기는 시간과 장소에 따라 달라진다. 그러나 항해사들은 과학적인 자료표와 해도를 참조하여 자북극과 진북극의 편차에서 비롯되는 비교적 작은 오차를 수정함으로써 정확하게 항해할 수 있다. 배 안에 존재하는 각종 금속 제품도 나침반이 지구의 자북극을 벗어나게 만드는 한 요인이 될 수 있다. 이같은 편차는 주변 상황에 맞춰 나침반을 조정함으로써 수정할 수 있는데, 주로 나침반의 양쪽에 큼

직한 금속 공을 장치하는 방법을 사용한다. 이렇게 바로잡아주기만 하면 자기 나침반도 매우 신뢰할 만한 항해 도구가 된다.

사람들은 어떻게 자침을 허공에 매달거나 물에 띄워 북쪽을 가리키도록 만드는 방법을 알아냈을까? 동서남북이라는 개념은 어디서 비롯되었고, 뱃사람들은 어떻게 그런 방향들을 이용하게 되었을까? 나침반이 만들어지기 이전에는 어떻게 바다를 항해했을까? 그리고 어떤 경위로 나침반을 항해에 이용하기 시작했을까? 이 책에서 우리는 이같은 수수께끼들을 하나하나 풀어가게 될 것이다.

나침반에 얽힌 이야기는 인간의 창의성을 보여주는 위대한 역사다. 그리고 발명과 혁신, 시운^{時運}과 자본주의의 역사이기도 하다. 그 역사는 하나의 문명이 중요한 발명품을 만들어낸 과정, 그리고 지구 반대편에서 일어난 또 하나의 문명이 그 발명품을 이용하여 교역을 촉진시키고 부를 쌓아갔던 과정을 우리에게 들려준다. 나침반의 이야기는 곧 인류 문명의 이야기이다. 문명은 발명과 시운에 따라—즉, 한 가지 기술을 발전시키고 그 가능성을 십분 활용함으로써—활짝 꽃피어 번성할 수 있는 것이다.

내가 나침반에 관심을 갖기 시작한 것은 어릴 때부터였다. 나는 지중해의 한 여객선에서 자랐다. 아버지가 선장이었기 때문이다. 나는 해마다 몇 달 동안 뭍에서 학교를 다닐 때만 제외하고 어린 시절 내내 배 위에서 살았다. 바다로 나간 뒤에는 선생님들과 편지를 주고받으며 빠진 수업을 보충했다. 나는 그런 방법으로 그럭저럭 학업을 마쳤다. 그러나 배 위에서는 다른 것들을 배울 수 있었다.

열 살이 되었을 때 아버지는 나에게 배를 조종하는 방법을 가르쳐 주셨다. 나는 한 선원이 갖다준 작은 걸상에 올라서서 조타륜을 잡았다. 처음에는 아버지도 나와 함께 조타륜을 잡고 있었지만 나는 곧 선장님의 지시에 따라 혼자서 배를 조종할 수 있게 되었다. 아버지가 명령을 내린다.

"좌현으로 10도."

그러면 나는,

"좌현으로 10도, 알겠습니다!"

그렇게 대답하고 방향을 바꾼다.

"우현으로 5도."

"우현으로 5도!"

나는 아버지의 명령을 복창하며 다시 조타륜을 돌린다. 그 다음이 어려운 부분이다.

"현재 항로 유지."

아버지가 그렇게 지시하면 나는 나침반을 이용하여 아버지가 명령을 내렸던 바로 그 순간의 진로를 정확히 유지해야 한다. 그런데 그것이 여간 까다로운 일이 아니다. 여러 해가 지나서 자동차 운전을 배울 때 비로소 알게 된 일이지만, 배와 자동차는 전혀 딴판이기 때문이다. 배는 반응이 느리고 관성이 작용한다. 일단 돌기 시작한 뒤에는 방향타를 똑바로 펴도 배는 계속 돌고, 따라서 그 회전 동작을 멈추려면 배가 반응을 보일 때까지 조타륜을 반대쪽으로 꺾어야 한다. 그 다음에는 원하는 지점에서 회전이 멈추도록 조타륜을 미리 되돌려놓아야 한다. 그리하여 나는 나침반에 의지하여 배를 조종하는 일이 기술인 동시에 과학이라는 것을 열 살 때 알게 되었다.

세월이 흐르면서 나침반과 조타륜에 대한 감각을 확실히 몸에 익혔다. 나를 믿어주는 아버지에게 감사하는 마음으로—우리 배의 정원은 700명이었다.—나는 더욱더 잘하려고 부지런히 노력했다. 그로부터 여러 해가 지났지만 아직도 내 귀에는 배의 방향이 바뀔 때마다 1도씩 째깍거리며 돌아가던 나침반 소리가 들리는 듯하다. 그 소리의 빈도는 배의 회전 속도에 비례하고, 그것은 곧 내가 그 회전 동작을 멈추려면 조타륜을 얼마나 돌려야 하는가를 의미한다. 어린 조타수였던 나에게 가장 큰 난관이 닥쳐온 것은 조타륜을 처음 잡은 지 겨우 3,4년이 지났을 때였다. 아버지의 말씀에 따라 내가 배를 몰고 메시나 해협을 통과해야 했던 것이다.

메시나 해협은 이탈리아 최남단의 칼라브리아 반도와 시칠리아 섬 사이의 좁은 바닷길이다. 이 해협은 그렇게 큰 육지를 사이에 두고 갈라져 있는 지중해의 두 바다―티레니아 해와 이오니아 해―가 연결되는 부분이고, 따라서 해협의 남쪽 입구에서부터 시칠리아의 항구 도시 메시나 부근에 있는 협소한 출구에 이르기까지 사나운 해류가 기승을 부리는 곳이다. 그러므로 배를 몰고 이 해협을 통과한다는 것은 고도로 숙련된 조타수에게도 결코 쉬운 일이 아니었다.

때는 밤이었다. 서서히 북상하는 우리 배의 좌우로 마을과 도시의 먼 불빛들이 보였다. 이윽고 메시나 부근의 병목 지점에 이르렀을 때 배가 흔들리기 시작했다. 비좁은 해협으로 모여드는 격렬한 해류 때문이었다. 해류가 사나워지면서 나침반 소리도 점점 더 빨라졌다. 나는 진로를 좌현으로 돌렸다가 재빨리 우현으로 되돌리고, 배가 너무 많이 회전하지 않도록 더욱더 신속하게 다시 좌현으로 꺾어야 했다. 이따금씩 배가 해류에 굴복할 것처럼 보일 때도 있었지만 이 싸움에서 바다에게 승리를 내어줄 수는 없었다. 마침내 해협을 빠져나와 다시 잔잔한 바다에 이르렀을 때 아버지가 내 곁으로 다가왔다.

우리는 잠시 나란히 서서 방금 우리가 들어선 티레니아 해의 저 멀리 아득하게 보이는 스트롬볼리 섬에서 규칙적으로 솟구치는 용암의 호박색 광채를 바라보았다. 이윽고 아버지가 조용히 말씀하셨다.

"잘했다."

우리는 남부 이탈리아의 목적지를 향해 안전하게 나아가고 있었다.

여러 해가 지난 후, 나는 햇빛이 찬란하고 사람들도 친절한 남부 이탈리아에 다시 발을 들여놓았다. 이번에도 나침반이 나를 그곳으로 인도했다. 나는 항해술에 혁명적 변화를 가져왔던, 그리고 어린 시절부터 나를 매혹시켰던 그 신비로운 발명품의 기원을 찾으러간 것이었다.

살레르노를 출발하여 해안을 따라 서쪽으로 차를 몰아가자 도로는 곧 심한 굽잇길이 되었다. 그래서 기어를 저속으로 바꿔야 했지만 '알파 로메오 156'은 바로 그렇게 위험한 주행을 위해 만들어진 자동차였다. 첫 번째 U자형 커브를 통과할 때 엔진이 웅웅거리더니 바퀴들이 포장도로에 착 달라붙어 조금도 미끄러지지 않았다. 때마침 초여름의 금요일 오후라서 가파른 절벽의 비좁은 도로에 용감하게 도전한 사람들이 너무 많았다.

나는 주위를 둘러보았다. 오른쪽에는 깎아지른 듯한 암벽이 하늘을 향해 우뚝 솟았고, 왼쪽은 곧장 바다로 내리꽂히는 까마득한 낭떠러지였다. 목적지가 가까워지면서 초목이 점점 울창해졌다. 줄기가 울퉁불퉁한 올리브 나무들, 붉은 꽃이나 흰 꽃을 피운 서양협죽도, 자줏빛 부겐빌레아, 무르익은 열매가 주렁주렁 매달려 가지가 축 늘어진 야생 레몬 나무와 오렌지 나무 등등. 몇 킬로미터 더 달려가니 돌과 석고로 지은 코스티에라 아말피타나$^{\text{Costiera Amalfitana: 유네스코 세계 문화 유산으로 지정된 '아말피 해안'}}$의 집들이 보이기 시작했다. 그리고 한 시간쯤 지나 마지막으로 나타난 급한 굽잇길을 돌고 짤막한 터널을 빠져나가자 저 아래 펼쳐진 짙푸른 만^{灣}과 아말피 시가 한눈에 들어왔다. 나는 길가에 차를 세우고 옛 항구를 향해 비좁은 계단을 내려갔다. 계단 양옆으로는 관리가 잘 된 집들이 있었고 창마다 제라늄이 활짝 핀 직사각형 화분들이 놓여 있었다. 내려가는 길에 어느 호텔의 색바랜 간판이 눈에 띄었다. '호텔 라 부솔라$^{\text{HOTEL LA BUSSOLA}}$.' '부솔라'는 나침반을 뜻한다.

나는 곧 작은 항구 옆에 자리잡은 아말피 시의 한복판에 이르렀다. 아치길 너머에 이탈리아어로 새겨진 동판 하나가 보였다. 번역하자면 이런 내용이었다.

아말피는 물론이거니와 이탈리아 전체가 자기 나침반이라는 위대한 발명품을 드높이 평가해야 마땅하리니, 그것이 없었더라면 아메리카 대륙을 비롯하여 일찍이 발견되지 않았던 여러 땅들이 문명 세계에 모습을 드러내지 못했으리라. 이에 아말피는 이탈리아가 낳은 이 영광스러운 작품을 높이 기리며 아울러 자기 나침반을 발명한 아말피의 영원한 아들 플라비오 조이아$^{\text{Flavio Gioia}}$에게 각별한 경의를 표하노라. 1302-1902.

녹색의 광장 가까이에 서 있는 작은 오벨리스크의 명판銘板에도 이런 말이 새겨져 있었다. "나침반을 발명한 플라비오 조이아에게 아말피가 바친다." 거기서 길을 건너면 지중해를 마주 보며 서 있는 높다란 동상이 있다. 두건을 쓰고 한 손에 쥐고 있는 어떤 장치를 내려다보는 한 남자의 동상이었다. 그는 단테와 콜럼버스를 합쳐놓은 듯한 모습이었는데, 아마도 우연은 아닐 터였다. 동상의 기단부에 붙어 있는 단순한 형태의 동판에는 십자가와 함께 이름 하나가 새겨져 있었다.

'플라비오 조이아.'

나침반에 관련하여 내가 뒤져보았던 역사적 문헌들은 유럽에서 나침반이 발명된 곳이 바로 아말피라고 했고, 더러는 플라비오 조이아라는 이름도 언급하고 있었다. 그는 아말피의 모든 거리와 유명한 사적지에서 빠짐없이 그 이름을 발견할 수 있을 정도로 생생히 살아 숨쉬는 인물이었다. 그런데 도대체 그는 누구일까?

나는 중앙 광장에 있는 서점으로 걸어갔다. 그곳에는 이탈리아를 비롯한 세계 각국의 언어로 적힌 온갖 주제의 책들이 모두 모여 있었다. 그러나 아말피의 가장 유명한 아들인 플라비오 조이아에 대해서는 책이나 소책자는커녕 낱말 하나조차도 찾아볼 수 없었다. 거리에서, 상점에서, 그리고 관광 안내소에서도 플라비오 조이아에 대해 물어보았지만, 도대체 어디로 가야 그 사람과 그의 발명품에 대한 정보를 얻을 수 있는지 아는 사람은 아무도 없는 것 같았다. 나는 버스 정류장 앞을 지나갔다. 정류장 표지판에는 현지 버스 회사의 이름이 적혀 있었다.

'플라비오 조이아.'

아말피에는 이렇게 플라비오 조이아가 사방 천지에 널려 있었지만 또한 어디서도 찾을 수 없었다. 나는 숨바꼭질의 명수인 이 나침반 발명자에 대해 좀더 알아내고야 말겠다고 마음먹었다. 그러나 대체 어디로 가야 한단 말인가? 마침내 한 경찰관이 실마리를 제공해 주었다.

플라비오 조이아에 대한 질문에 그는 이렇게 대답했다.

"아말피 문화 센터에 가보시죠."

그는 햇빛을 찾아 나선 휴가객들로 북적거리는 마을 중심가로부터 한참 벗어난 어느 뒷골목을 가르쳐주었다. 나는 아말피의 구석배기에 숨어 있는 비좁은 골목들을 지나고, 계단을 오르고, 건축학적으로는 전혀 별볼일 없는 한 건물의 모퉁이를 돌아 드디어 문화 센터에 들어섰다. 기록 보관인이 말했다.

"아, 예, 플라비오 조이아에 대해서는 우리에게도 자료가 좀 있습니다. 그런데 아시다시피 그 사람이 실존 인물인지는 확실치 않거든요. 자, 우선 이것부터 읽어보시죠."

그는 나에게 이탈리아 역사가 티모테오 베르텔리[Timoteo Bertelli] 신부의 말을 인용한 소책자 한 권을 건네주었다. 나는 읽기 시작했다.

플라비오 조이아는 실존 인물이 아니다. 그가 살았다는 시대로부터 한참 뒤에 생겨난 일종의 신화 속의 인물일 뿐이므로 실재했다고는 믿기 어렵다. 그는 아말피를 비롯한 남부 사람들의 풍부한 상상력이 빚어낸 환상의 산물이며…….

나는 곧 투덜거렸다.
"겨우 이 따위 소릴 듣자고 여기까지 찾아오다니…… 남부 사람들의 풍부한 상상력?"
그러면서 베르텔리의 글에서 눈을 떼자 기록 보관인의 온화한 미소가 눈에 띄었다.
"그렇게 빨리 포기하지 마세요, 교수님. 먼 길을 오셨지만 그 수수께끼를 풀기엔 여기보다 좋은 곳도 없을 테니까요."
그는 내 앞에 먼지가 뽀얗게 앉은 낡은 책들을 한 무더기나 털썩 내려놓더니 얼른 양해를 구하고 사무실로 들어가버렸다.
나는 '아말피 문화 역사 센터'의 찜통 같은 열람실에 앉아 그 책무더기의 맨 꼭대기에 놓인 책을 집어들었다. 그리고 누렇게 빛바랜 책장을 넘겨가며 그 기묘한 책을 읽기 시작했다. 그것은 프랑스어로 쓰였으나 나폴리에서 출간된 200년 묵은 논문이었다. 논문의 저자는 고대의 항해술을 면밀히 연구한 끝에 일찍이 오디세우스가 어떤 항해술을 사용했는지 알아냈다고 주장하고 있었다.

바다와 하늘의 길잡이
Signs in the Sea and Sky

나침반이 아직 발명되지 않았던 고대에는 뱃사람들이 바다에서 어떻게 길을 찾았을까? 흔히 고대의 뱃사람들은 해안선에 바싹 붙어 항해했을 것이라고 생각하기 쉬운데, 그것은 바다를 잘 모르고 인간의 창의성도 신뢰하지 않는 사람들이 퍼뜨린 낭설에 불과하다.

아득한 옛날부터 뱃사람들은 육지가 전혀 보이지 않는 먼바다를 거침없이 건넜고, 성서나 그리스 신화에 영감을 주었던 옛 선원들은 나침반의 도움 없이도 능숙하게 대양을 누비고 다녔다. 최근 과학자들이 해안으로부터 400킬로미터 이상 떨어진 지중해 한복판에서 2,300년 전의 난파선을 발견했다고 보고함으로써 고대의 뱃사람들이 해안선을 따라 항해하지 않았다는 주장이 사실로 확인되었다.

동지중해의 중심부에 있는 크레타 섬의 미노아 문명은 다른 국가들과의 광범위한 교역을 통해 부를 축적한 고대 해양 제국이었다.

크레타에서 다른 곳으로 가려면 반드시 먼바다를 건너야 하며, 적어도 얼마 동안은 해안에서 멀리 떨어질 수밖에 없었다. 크레타인들의 지중해 항해는 대단히 성공적이었다. 사실 그들의 주요 교역국은 남동쪽으로 500킬로미터 이상의 먼바다를 건너가야 닿을 수 있는 이집트였다. 크레타와 이웃 산토리니^{크레타 북쪽의 화산섬 티라Thira의 옛 이름}의 아크로티리 마을 등에서 발견된 미노아 유적의 청동기 시대 프레스코화는 (측정 연대는 기원전 1600년경) 돛과 노를 함께 사용하는 비교적 큰 규모의 배들을 묘사하고 있다. 이 배들은 바다를 가로질러 미노아의 항구와 먼 이국 사이를 왕래했다. 미노아의 뱃사람들은 정기적으로 동지중해를 건너면서 며칠 또는 몇 주에 걸쳐 육지라고는 찾아볼 수 없는 구간도 거뜬히 통과했던 것이다.

어떤 기록을 보더라도 페니키아인들이나 고대 이스라엘인들 역시 바다를 항해하는 민족이었음이 분명하다. 이들 고대의 뱃사람들이 해안을 따라 항해하지 않았다는 증거는 아주 많다. 요나의 배가 바다에서 폭풍우를 만나 육지에 다다르지 못하자 요나는 배 위에서 내던져져 고래 먹이가 되었다. 그리고 솔로몬왕은 바다를 건너 전설의 땅 오빌^{솔로몬 왕이 황금과 보석을 얻었다는 지방. 열왕기상 10:11}과 교역했고 시바^{Sheba}의 여왕에게 구애하였다.

고대 이집트의 상형문자에서 외국의 배는 사각형 돛을 달고 있는 형상이지만 이집트 배의 돛은 다르게 표시되었다. 이집트의 고고학 유적에서 발견된 기록을 토대로 우리는 매우 일찍부터 여러 나라의 배들이 정기적으로 이집트에 도착했음을 추론할 수 있다.

로마의 항해 기록들은 바다를 건너는 방법을 설명하고 있다. 예를 들자면 그리스의 섬에서 이집트로 가는 뱃길 따위인데, 사도 바울의 배가 몰타^{성서에는 '멜리데'로 표기되었음. 사도행전 28장}에서 난파된 사건도 목격자에 의해 생생히 묘사되었다. 몰타는 시칠리아와 북아프리카 해안 사이의 지중해 한복판에 있는 섬이다. 성서의 기록에 따르면 여러 날 동안 구름이 하늘을 뒤덮어 해와 별이 보이지 않고 항해가 불가능해지자 선원들은 모든 희망을 버렸다고 한다.

하와이 제도에 인간이 살기 시작한 것은 지금으로부터 1,500년 전, 수천 킬로미터나 떨어진 마르키즈^{Marquises} 제도의 폴리네시아인들이 대형 카누를 타고 망망대해를 건너오면서부터였다는 증거가 있다.

나침반이 발명되기 전에는 뱃사람들이 '해안선에 바싹 붙어' 항해했을 거라고 믿는 사람은 선박이나 항해에 대해 아무것도 모르는 사람이다. 뱃사람들에게 가장 위험한 것은 배의 좌초이다. 그런 일이 벌어지는 이유는 바다의 깊이가 곳에 따라 크게 다르므로 항해사조차도 어떤 곳이 배의 흘수^{吃水 : 배가 물 위에 떠 있을 때 물에 잠겨 있는 부분의 깊이. 일반적으로 수면에서 배의 최하부까지의 수직 거리를 말함}보다 얕은지 예측할 수 없을 때가 종종 있기 때문이다. 게다가 바다에는 암초와 여울이 수두룩하다. 해변에서 몇 킬로미터나 떨어진 곳도 안심할 수 없다. 해안선 주변에는 그런 위험이 도처에 도사리고 있으므로 항해 중에는 차라리 먼 바다로 나가는 편이 더 안전하다. 고대에도 뱃사람들은 필요에 따라 어디든지 항해했고, 설령 동일한 해안의 한 지점에서 다른 지점으로 가는 경우라도 해안선을 따라가기보다는 바다 쪽으로 나가 안전 거리를 유지했다.

　숨어 있는 암초나 모래톱의 위협 때문에 뱃사람들의 최초의 도구가 생겨났다. 바로 측연선測鉛線이었다. 그것은 아주 간단한 장치였다. 일정한 간격으로 매듭을 지어 거리를 표시한 긴 줄에 납덩이를 달아놓은 것이 전부였다. 그러나 옛날에는 측연선이 매우 중요한 도구로 인식되었다. 그래서 어떤 배가 조세를 내지 않았다든지 그밖의 이유로 항구에 억류할 필요가 있을 때 측연선을 압류할 정도였다. 이 관습은 배들이 좀더 근대적인 여러 가지 도구를 구비하게 된 뒤에도 한동안 계속 유지되었다. 새뮤얼 클레멘스Samuel Clemens의 필명 마크 트웨인Mark Twain은 원래 19세기에 미시시피 강을 운행하는 배들이 측연선을 사용할 때 쓰던 말이었다.

　측연선은 줄이 닿는 범위 내에서 뱃사람들에게 바다의 깊이를 알려주었다. 줄끝에 달린 납덩이의 아랫부분에 동물성 기름을 듬뿍 바르기도 했다. 그렇게 하면 나중에 측연선을 끌어올렸을 때 바다 밑에 어떤 퇴적물이 쌓여 있는지 확인할 수 있기 때문이다. 뱃사람들은 측연선에 묻어 올라온 모래나 개흙, 해초 따위의 종류와 빛깔을 구분하고 그 정보를 항해에 이용할 줄 알았다.

　바다 밑에도 울퉁불퉁한 굴곡이 있고 산이나 계곡도 있다. 그러한 지형에 대한 정보는 항해에 대단히 중요하다. 수심을 표시한 해도가 사용되기 전에는 선장이나 키잡이의 해저 지형에 대한 지식에 의존하여 항해해야 했다. 배가 해안에 가까워질 때 바닥에 부딪치지 않도록 뱃사람들은 몇 번이고 수심을 측정하여 수심이 얕아져가는 속도를 파악했다. 이런 절차는 성서 시대에도 반드시 필요했다. 사도 바울의 배를 몰던 뱃사람들은 여러 날 동안 하늘을 보지 못해 방향을 잃고 말았다. 그러던 어느 날 밤, 그들은 육지가 가까워졌음을 직감하고 측심연測深鉛을 내려보냈다. 처음에는 수심이 20길[1길은 약 183센티미터]이었고, 두 번째는 15길이었다. 그래서 그들은 육지에 빠르게 접근하고 있다는 것을 알았다. 이튿날 뱃사람들은 고의적으로 해변에 배를 좌초시켰는데, 오늘날 몰타 사람들은 그곳을 세인트폴 만이라고 부른다.

 뱃사람들은 경험을 통하여 해저에 대한 지식과 함께 조수에 대해서도 잘 알고 있었다. 그것은 조수가 완만한 지중해보다 대서양과 인도양에서 더욱더 중요했다. 먼 옛날부터 뱃사람들은 배가 항구에 가까워지면 현지 어부들을 고용하여 항구에 무사히 닿을 때까지 선장을 보조하게 했다. 그 어부들은 자기네 고장의 조수와 바다 밑바닥의 사정을 훤히 꿰뚫고 있었는데, 오늘날 해운 회사에 고용되어 배가 항구를 드나들 때마다 선장을 도와주는 직업적인 도선사導船士들이 바로 그들의 후손인 셈이다.

 선상에서 육지가 보이기 시작했을 때 항해자에게 무엇보다 중요한 것은 해안의 형태에 대한 지식이었다. 해도를 비롯한 각종 보조 도구들이 도입되기 전에는 오직 뱃사람들의 기억과 경험에 의존하여 목적지인 항구의 위치를 찾아내야 했다. 크고 작은 곶, 후미, 만 등의 지형은 비교적 멀리서도 식별할 수 있었다. 특히 곶들은 돌출되어 있어 항해 중에 매우 유용한 길잡이였다. 그러나 항해자에게는 크나큰 난관이기도 했다. 연안을 항해할 때 곶이 있으면 우회하기가 쉽지 않다. 폭풍이 부는 날도 많고, 예기치 못한 돌풍이 자주 몰아치기 때문이다. 그리고 곶 부근에서는 해류마저 변덕스럽기 십상이다. 그런 까닭에 항해자들은 해안선을 끼고 가면서 위험한 곶에 너무 가까이 접근하기보다 차라리 멀찌감치 떨어져가는 쪽을 선호했다.

호메로스의 《오디세이Odyssey》에서 트로이를 떠나 본국으로 돌아가던 메넬라오스 왕은 에게 해를 향해 불쑥 튀어나온 아티카의 수니온Sunion 곶에서 첫 번째 불운을 겪었다. 강풍 속에서도 세계 최고의 솜씨를 자랑하던 키잡이가 갑자기 죽어버렸던 것이다. 키잡이의 장례를 치른 후 함대는 다시 남쪽으로 항해를 계속하여 말레아Malea 곶 근처에 이르렀다. 펠로폰네소스 반도 남단의 이 곶은 날씨가 험하기로 악명이 높다. 그곳에서 제우스가 보낸 산더미 같은 파도와 울부짖는 돌풍을 만나는 바람에 함대는 뿔뿔이 흩어졌다. 메넬라오스는 바다 건너 이집트 쪽으로 떠내려갔고, 다른 배들은 크레타 연안에서 실종되고 말았다.

문명이 싹틀 무렵부터 사람들은 항해자들의 길찾기를 도와주기 위해 바다를 굽어보는 곶이나 고지대에 등대를 설치했다. 말레아 곶에도 까마득한 옛날부터 등대가 있었다. 그 등대 옆에는 작은 성당이 있었고, 그곳에는 한 수도사가 문명을 등진 채 살고 있었다. 말레아 곶을 지날 때마다 아버지는 배의 경적을 세 번 울려 경의를 표시했다. 그러면 곧 수도사가 나타나서 배가 절벽 뒤로 사라질 때까지 깃발을 흔들고 성당의 종을 쳤다. 미리 설명을 들은 승객들도 모두

갑판에 나와 해상에서 펼쳐지는 이 우정어린 전통을 지켜보며 함께 손을 흔들어 동참했다. 아버지는 젊은 장교였을 때 당시의 선장에게서 이 관행을 배웠고, 그 선장은 또 자신의 선장에게서 배웠고, 그런 식으로 면면히 이어져왔던 것이다.

고대로부터 전해진 세계 7대 불가사의 중 하나인 로도스^{Rodos} 섬의 거상巨像도 항해를 돕기 위한 시설이었다. 높이가 30미터도 훨씬 넘었던 이 거대한 동상은 바로 그리스의 태양신 헬리오스의 모습으로, 린도스^{Lindos : 로도스 섬 동해안의 도시}의 유명한 조각가 카레스^{Chares}가 만든 걸작이었다. 이 거상은 두 다리를 벌린 자세로 로도스 항의 입구에 우뚝 서 있었는데, 배들이 돛을 올린 채 거뜬히 동상 밑을 통과하여 항구에 진입할 수 있을 만큼 컸다고 한다. 거상을 만든 목적은 항해자들이 로도스 섬과 항구의 입구를 쉽게 찾을 수 있도록 하기 위해서였다.

항해를 위해서는 그밖에 바람이나 해류, 각종 동물의 습성 따위에 대한 지식도 필요했다. 고대의 뱃사람들에게는 바람과 해류를 잘 이해하는 것이 매우 중요한 일이었다. 바람과 해류는 대체로 계절에 따라 일정하게 변화하기 때문이다. 뒤에 가서 확인하게 되겠지만 나침반의 지침면에 그려진 방위들의 이름은 각기 항풍恒風 : 무역풍처럼 항상 일정한 방향으로 부는 바람의 이름에서 유래했다.

철새들의 이동 형태와 특정한 해양 동물의 서식지도 뱃사람들에게 배의 위치에 대한 단서를 제공해주었다. 인도 연안은 해안에서 몇 킬로미터 이내에 바다뱀들이 많이 살았고, 그래서 항해자들이 그

27

뱀들을 보게 되면 틀림없이 해안이 멀지 않다는 뜻이었다. 고대의 항해자들에게 특히 유용한 동물은 철새들이었다. 해마다 똑같은 경로로 이동하는 다양한 종류의 철새들이 있으므로 뱃사람들은 그 철새들을 따라가면서 원하는 경로를 선택할 수 있었다.

항해자들이 나침반을 사용하기 훨씬 전이었던 기원후의 처음 몇 세기 동안 아일랜드 수도사들은 항상 찌푸린 날씨에도 아랑곳없이 작은 배를 타고 이 섬에서 저 섬으로 건너다녔다. 그들은 이동하는 새떼를 따라가는 방법으로 자신 있게 뱃길을 찾을 수 있었던 것이다. 고대 스칸디나비아인들은 기원후 870년경 바람과 새들을 따라가서 아이슬란드를 발견했다. 때때로 항해자들은 새들을 더욱더 능동적으로 이용하기 위해 그들을 배에 태우기도 했다. 바이킹들은 갈까마귀들을 데리고 다니다가 육지가 가까워졌다고 생각되면 그 중의 한 마리를 풀어주었다. 갈까마귀가 날아갈 때 그 뒤를 따라가면 십중팔구 육지를 찾아낼 수 있었기 때문이다. 그리고 새가 배로 되돌아온다면 그 부근에 육지가 없음을 미루어 짐작할 수 있었다. 이 방법은 노아 시대로 거슬러 올라간다. 노아가 비둘기를 놓아주었더니 올리브 가지를 물고 돌아왔다는 이야기가 성서에 기록되어 있다.

갈까마귀를 비롯한 여러 종류의 새들은 해안이 가까이 있을 때 그것을 감지할 수 있는 듯하다. 그래서 바다에서도 방향을 찾을 수 있는 것인지도 모른다. 그러나 동물들이 망망대해를 건너 오랫동안 이동하기 위해서는 방향 감각이 필수적이다. 연어들은 2년 동안 광활한 대양을 횡단한 뒤 자기들이 태어났던 강을 찾아 되돌아오고, 철새들은 대단히 먼 거리를 비행하여 어김없이 목적지를 찾아낸다. 도대체 어떻게 그런 일을 해낼 수 있을까?

1997년 뉴질랜드 오클랜드 대학의 마이클 워커$^{Michael\ Walker}$와 동료들은 송어들에게서 자기장에 반응하는 안면 신경 섬유를 확인했다고 과학잡지 《네이처^{Nature}》를 통해 보고했다. 이 연구 집단은 꿀벌, 황다랑어, 홍연어, 수염고래, 전서傳書비둘기 등의 자기 감지력도 연구해왔다. 과학자들은 그같은 여러 동물들에게서 지구 자기장의 변화를 감지하는 능력을 발견했다. 조류, 파충류, 포유류 등의 많은 종들이 지구의 자기극磁氣極을 감지하여 방향을 찾을 수 있는 것 같다. 어쩌면 워커와 그 동료들은 동물들이 낯익은 지역을 멀리 떠나 이동할 때 방향을 찾아내는 실제 기관을 밝혀낸 것인지도 모른다. 이 동물들은 마치 몸 속에 나침반을 지니고 있는 것처럼 보인다. 그것이 사실이라면 고대의 항해자들은 자기 나침반이 발명되기 훨씬 전부터 그 동물들의 나침반을 빌려 썼던 셈이다.

유사 이래로 뱃사람들은 해류와 바람, 해저의 깊이와 형태 따위를 항해에 이용했다. 그리고 철새와 해양 동물들의 습성도 관찰했다. 그러나 나침반이 발명되기 이전에—즉, 오랜 옛날부터 약 천 년 전까지—항해에서 가장 중요한 길잡이는 수중이나 지상이 아니라 하늘에 높이 떠 있었다.

기원전 3000년에서 2000년 사이의 어느 시기에 고대 이집트의 한 천문학자가 동트기 전의 하늘을 바라보다가 동쪽에서 떠오르는 가장 밝은 별 시리우스를 보았다. 그리고 해마다 되풀이되는 나일 강의 범람이 바로 그날 시작되었다. 이집트인들은 이 우연한 사건을 하늘의 계시로 생각하여 그것을 기준으로 달력을 만들었다. 시리우스, 즉 천랑성 天狼星이 태양과 함께 출몰하는 날을 한 해의 첫날로 잡았던 것이다. 고대 이집트에서 고안된 이 달력은 치윤법 置閏法—달력을 수정하기 위해 윤일을 삽입하는 방법—을 자주 써야 했던 바빌로니아나 그리스의 태음력보다 월등히 뛰어났다.

그러한 우수성 때문에 그리스 천문학자들도 이집트 달력을 도입했고, 그것은 결국 서양 문화권 전체의 달력이 되었다. 이집트인들은 하늘에 존재하는 다른 항성이나 별자리들의 움직임도 연구했다. 일 년 중 하루하루 별들이 뜨고 지는 현상을 일일이 관찰했던 것이다. 하루를 24시간으로 나눈 것도 이집트인들이 처음이었다. 오늘날 우리가 하루를 24시간으로, 1시간을 60분으로 계산하는 것은 이집트식을 그리스에서 개량한 방식에 바빌로니아의 60진법이 결합된 것이다. 이집트인들은 황도 黃道—낮 동안 천구상에서 태양이 움직이는 경로를 표시한 호 弧—주위의 별자리와 개별적인 항성들을 36개로 구분했다.(그 별자리들은 나중에 점성술의 12궁 宮이 되었다.) 각각의 별자리나 항성은 일 년 중 열흘에 해당했다. 이집트의 천문학자들은 매일 매시에 각각의 별자리가 어떤 위치에 오는지를 추적했다. 기원전 1800년부터 기원전 1200년 사이에 만들어진 관 뚜껑에는 별자리의 그림과 함께 그와 관련된 낮과 밤의 시간이 새겨진 것을 흔히 볼 수 있다. 고대의 달력이 완벽한 항성 시계로 발전되기도 했던 것이다.

그리고 이집트는 남북으로 길게 뻗은 큰 나라였으므로 고대 이집트의 천문학자들은 홍해를 통해 북부 이집트에서 중부를 거쳐 남부로 여행하면서 하늘에서 어느 특정한 별자리나 항성이 나타나는 높이가 위도에 따라 달라진다는 사실을 일찍부터 간파할 수 있었다. 별들이 동서간의 어디쯤에 나타나는지는 일 년 중 계절과 시간에 따라 결정되지만, 어떤 별이나 별자리가 남북 축에서 어디쯤에 위치하는지는 위도에 따라 결정된다. 그러므로 원칙적으로 말하자면 천문학자들이 정확한 시간과 날짜를 알고 천구상에서 별들의 위치를 측정해보면 얼마든지 자신의 위치를 알아낼 수 있었다. 뱃사람들도 이 원리를 이용하여 배의 위치를 추정할 수 있었다.

물론 고대에는 시간이 매우 불확실했다는 점이 문제였다. 별들의 위치를 바탕으로 자신의 위치를 알아내는 과학적인 방법이 정립되기까지는 여러 세기가 더 지나야 했다. 그래도 대략적인 계산은 가능했다. 위도 문제는 비교적 쉬운 편이었다. 정확한 시간을 몰라도 되기 때문이다. 그러나 경도를 알아내려면 정확한 시간을 알아야 하기 때문에 훨씬 더 까다로웠다. 이 문제를 풀기 위해서는 정확한 시계가 필요했고, 결국 18세기에 가서야 겨우 해결될 수 있었다. (이 문제와 해답에 대한 설명은 데이바 소벨의 《경도^{Longitude}》를 보라.)

홍해의 남북 노선을 운항하던 이집트 항해자들은 특정한 별이 어느 높이까지 올라갔다가 내려오는지를 관측하여 자신의 위도를 산정할 수 있었다. 이때의 위도는 정확한 측정값이 아니라 근삿값에 불과했다. 북반구에서는 남쪽으로 갈수록 황도가 점점 더 높아지고 별들의 위치도 마찬가지다. 모항母港:선박의 소속항에서 시리우스가 떠오르는 최고 높이(즉, 그 별이 관측자가 있는 곳의 자오선을 통과할 때의 높이)를 눈여겨본 항해자는 남쪽으로 갈수록 시리우스의 고도가 높아지는 것을 확인할 수 있었다. 그리고 돌아오는 길에 시리우스의 최고 높이가 모항에서 보았던 최고 높이에 가까워지면 모항이 그리 멀지 않다는 것을 알 수 있었다. 이같은 계산값과 측정값은 비록 근삿값에 불과하더라도 항해 중에는 매우 유용했다. 홍해에서의 항해는 거의 전적으로 남북을 왕래하는 노선이었으므로 항해술의 발전에 중요한 공헌을 하게 되었다.

이같은 관측을 통하여 고대의 항해자들은 천체의 정보를 바탕으로 남북 축에서 배의 위치를 산정하는 방법을 알게 되었고, 그리하여 위도의 변화를 이해할 수 있었다. 이 계산의 보조물로 육분의六分儀가 사용되었는데, 그것은 뱃사람들이 수평선 위로 떠오른 별의 각도를 시각적으로 측정할 때 쓰는 도구였다.

남북에 따른 천체들의 변화는 지중해에서도 관찰할 수 있었다. 물론 지중해는 동서 방향이 더 길지만, 이집트의 뱃사람들은 정기적으로 시리아의 비블로스Byblos:레바논의 베이루트에서 북쪽으로 약 32킬로미터 떨어진 곳에 있던 지중해 연안의 고대 항구 도시까지 왕래했다고 알려져 있다. 이 항해는 거의 정확한 남북 방향이므로 위도의 변화를 측정할 수 있었다. 로마의 역사가 플리니우스Plinius는 지구의 모양을 설명하면서 항해자가 남쪽으로 움직일 때 별들의 위치가 높아지는 현상을 이렇게 묘사하고 있다.

이러한 현상은 바다에서 항해 중일 때 확연히 드러난다. 지구의 곡선 아래 숨어 있던 별들이 마치 바닷속에서 솟구치듯 불쑥 나타나는 것이다.

그러나 고대의 항해자들이 천문학적 관찰을 시도한 것은 대략적인 위치를 추정하기 위해서가 아니라 주로 방향을 판단하기 위해서였다.

관찰자에게는 하늘이 회전하는 것처럼 보이지만, 지구가 지축을 중심으로 자전하는 까닭에 하늘 위의 두 지점만은 ― 즉, 천구상의 남극과 북극은 ― 움직이지 않는다. 오늘날에는 천구상의 북극과 아주 가까운 곳에 비교적 밝은 별 하나가 자리하고 있다. 이 별은 그

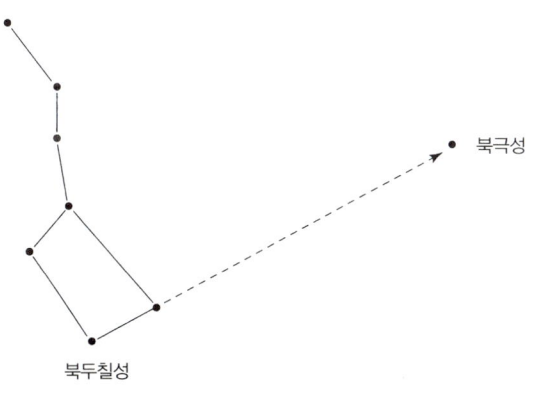

북두칠성과 북극성

위치에 걸맞게 폴라리스^{Polaris}, 즉 북극성이라는 이름을 갖고 있다. 폴라리스를 찾으려면 우선 큰곰자리(북두칠성)를 찾고 그 중에서 폴라리스를 가리키는 '지극성^{指極星}'들을 따라가면 된다.

그런데 세차^{歲差}—지구의 자전축이 수천 년에 걸쳐 서서히 회전하는 현상—때문에 고대에는 폴라리스가 북극에 위치해 있지 않았다. 기원전 800년경에는 폴라리스와 같은 별자리에 속한 또 하나의 별 코차브^{Kochab}—작은곰자리의 베타별—가 비교적 북극에 가까운 위치에 있었다. 고대의 항해자들은 큰곰자리와 작은곰자리를 찾아 북극을 알아내는 방법을 알고 있었다. 일단 북쪽이 어느 쪽인지만 알아내면 다른 방위들은 모두 저절로 알 수 있었다. 기원전 600년을 전후하여 살았던 그리스 수학자 탈레스^{Thales}는 당시 페니키아의 뱃사람들이 작은곰자리와 거기 속한 코차브를 확인하여 항해하는 솜씨가 뛰어나며, 따라서 더 크기는 하지만 더 멀리 있는 큰곰자리를 이용할 필요가 없다고 썼다.

고대 중국의 항해자들은 큰곰자리와 작은곰자리의 위치를 확인하고 그것을 통해 북극을 찾기 위해 옥으로 만든 원반을 사용했다. 선기^{璿璣}라고 부르는 이같은 원반 중 하나에 새겨진 별들의 위치를 보고 과학자들은 그것이 기원전 800년경에 만들어진 것임을 알 수 있었다. 이는 현대 천문학의 정밀한 과학적 지식이 고대의 연대를 확인하는 데에도 유용하다는 것을 말해주는 한 사례다. 우리는 세차 현상에 따라 지구상의 관찰자에게 별들의 위치가 달라져보인다는 것을 알고 또한 이 정보를 이용하여 예전에 그 별들이 있던 위치를 계

선기璇璣. 기원전 800년경 중국에서 만든 옥 원반으로,
항해 중 천구의 북극을 찾을 때 사용했다. 이스라엘 하이파haifa의 국립 해양 박물관

산할 수 있으므로 결국 고대에 별들이 있던 위치를 표시한 고대 유물의 제작 연대도 알아낼 수 있는 것이다.

낮 동안에는 황도를 따라 하늘을 가로지르는 태양의 경로를 추적함으로써 대략적인 방위를 판단할 수 있었는데, 이 방법은 야간에 북극성을 확인하는 방법에 비해 훨씬 부정확하다. 더구나 황도는 연중 그 위치가 달라진다. 그러나 고대의 항해자들은 이같은 변화에 대해서도 알고 있었으며, 태양이 하늘에서 가장 높이 떠올랐을 때의 위치를 보고 남쪽을 찾아낼 수 있었다. 그리고 동쪽과 서쪽은 일출과 일몰을 통해 대략적으로나마 알 수 있었다.

바다에서 길을 잃었을 때 오디세우스는 이제 동쪽과 서쪽이 아무런 의미도 없다고 말했다. 길을 잃었다는 말은 곧 방위 중에서도 가장 기본적인 두 방위, 즉 일출과 일몰의 방향조차 모른다는 뜻이었다. 북반구에서 정오에 태양이 떠 있는 방향은 남쪽인데, 그것을 기준으로 동쪽과 서쪽을 구분할 수 있고 또한 태양의 정반대 방향이 북쪽이라는 것도 알 수 있다. 그러므로 정오에 태양의 위치를 관찰함으로써 뱃사람들은 낮 동안의 다른 시간에 비해 더 정확하게 동서남북의 네 방위를 모두 짐작할 수 있었다. 그래서 고대의 항해에서 가장 위험한 요소 중의 하나는 태양을 맨눈으로 바라보는 일이었다.

밤이 되면 오디세우스는 별을 보고 진로를 잡았다. 칼립소의 섬을 떠날 때 그는 "자리에 앉아 한숨도 안 자고 플레이아데스[Pleiades: 황도 12궁 중의 하나인 황소자리의 산개 성단]를 응시하거나 늦게 지는 별 아크투루스[Arcturus: 목자자리의 알파별. 대각성大角星]와 큰곰자리를 지켜보았다. …… 지혜로운 칼립소 여신께서 바로 이 별자리를 왼쪽에 두고 바다를 건너라고 말했기 때문이다." 플레이아데스와 아크투루스는 적경[赤經: 적도 좌표에서의 경도. 천구상의 한 정점을 지나는 경선과 춘분점을 지나는 경선이 이루는 각도로 나타냄]에서 11시간에 가까운 시차가 있어 밤 동안에 둘 중의 하나는 반드시 보이기 때문에 오디세우스가 방향을 가늠할 수 있었던 것이다.

그리하여 비록 정확도의 차이는 있지만 밤이든 낮이든 항해자들

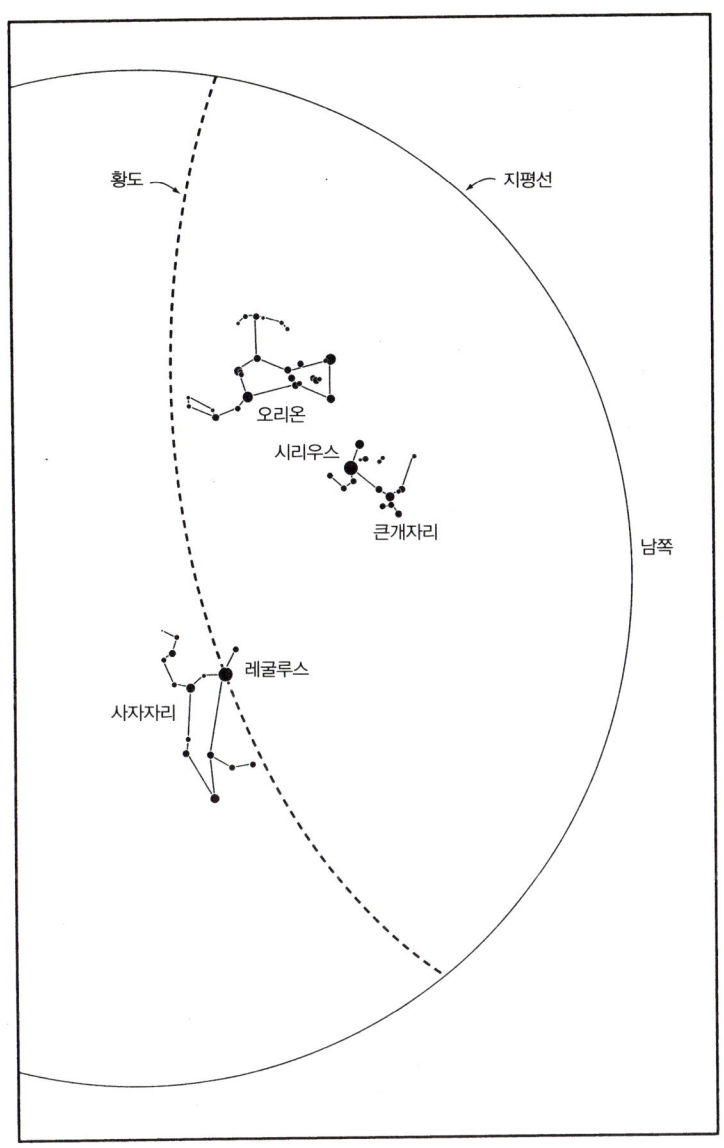

황도(북반구, 동절기, 야간)

은 하늘을 관찰함으로써 목적지를 찾아갈 수 있었다. 그러나 흐린 날씨는 항해에 심각한 지장을 초래했다. 하늘이 구름에 덮여버리면 뱃사람들은 방향을 잡을 수 없었다. 고대에는 겨울철만 되면 바다를 항해할 수 없었던 것도 주로 그 때문이었다.

고대의 뱃사람들은 빈틈없는 관찰자들이었다. 그들은 과학자인 동시에 예술가였다. 바다에 대한 직관력과 감각을 지닌 뱃사람은 배를 몰고 항구와 항구 사이를 좀더 신속하고 능률적으로 오갈 수 있었고, 결과적으로 고용주에게 더 큰 이익을 남겨줄 수 있었다. 고대의 항해술은 오늘날보다 훨씬 부정확했다는 사실을 이해하는 것이 매우 중요하다. 선장은 이용할 수 있는 모든 방법을—천문 관측, 측심법測深法, 바람과 해류의 방향에 대한 판단, 심지어는 동물의 이동 방향까지—총동원하여 목적지에 최대한 가까운 곳으로 배를 몰았다. 그러다가 해안선이 시야에 들어오면 지형에 대한 지식을 이용하여 배의 진로를 수정하고 항구로 진입했다.

고대의 항해자들은 나침반을 이용하지 못하면서도 그럭저럭 잘 해나갔다. 그러다가 마침내 그 발명품이 만들어졌을 때, 그 효과는 우리가 짐작하는 것보다 미묘한 차이를 가져오는 데 그쳤으나 그 결과로 세계가 완전히 달라졌다. 나침반이 항해를 가능하게 한 것은 아니지만—뱃사람들은 나침반이 발명되기 훨씬 전부터 바다를 건너다녔으므로—나침반 덕분에 겨울철에도 바다를 항해할 수 있고 종전에는 배로 가보지 못했던 지역까지 들어갈 수 있게 되어 훨씬 더 능률적으로 항해할 수 있었기 때문이다. 나침반은 세계 무역을 성장시키고 확대시키는 기폭제가 되었다. 이 놀라운 항해 도구는 그것을 이용할 줄 아는 국가들에게 부의 증대와 나라의 번영을 가져다 주었다.

단테
Dante

자기 나침반의 기원은 신비에 싸여 있다. 서양에서 나침반이 처음 언급된 것은 1187년, 영국의 아우구스티누스파 수도사 알렉산더 네컴[1157-1217]의 글에서였다. 네컴의 책 《사물의 본성에 관하여 De Naturis Rerum》에 다음과 같은 설명이 있다.

더욱이 뱃사람들이 바다를 항해하다가 날씨가 흐려져 햇빛을 받지 못할 때, 그리고 밤이 되어 온세상이 어둠의 장막에 가려지고 배가 어느 방향으로 가고 있는지 알 수 없을 때, 그들은 바늘을 자석에 문지른다. 이 바늘이 원을 그리며 돌다가 움직임을 멈추면 그 끝이 가리키는 방향이 바로 북쪽이다.

네컴의 이 글에는 그가 언제 어디서 자기 나침반을 보았거나 소문을 들었는지에 대한 단서가 전혀 없다. 그가 영국에서 나침반을 만났을 거라고 단정할 수도 없다. 네컴은 몇 년 동안 파리에서 공부했고, 우스터 주교를 따라 이탈리아를 여행한 적도 있었기 때문이다. 여러 문헌들이 유럽에서 자기 나침반을 처음 이용한 항해자들은 이탈리아인들이었다고 주장하고 있으므로 네컴이 설명한 나침반도 이탈리아의 항해용 나침반이었을 가능성이 높다.

그 이후의 유럽 문헌 중에서 나침반에 대해 언급한 자료들은 주로 운문이다. 네컴의 저서에 이어 나침반에 대해 언급한 글은 프랑스 클뤼니에 살던 수도사 귀요 드 프로뱅Guyot de Provins의 장시 〈성서La Bible〉1203-1208였다. 이 시에는 다음과 같은 대목이 있다.

> Un art font qui mentir ne peut,
> Par la vertu de la magnette.
> Une pierre laide et brunette
> Où li fers volontiers se joint
> Ainsi regardent le droict point;
> Puis, qu'une aiguile l'ait touchie
> Et en un festu l'ont fichie
> En l'eaue la mettent sans plus
> Et le festus la tient desus.
> Puis se tourne la pointe toute
> Contre l'estoile, si sans doute…

〔뱃사람들에게는〕

결코 빗나가지 않는 재간이 있나니

쇠가 절로 달라붙는 흉한 갈색 돌

바로 자석을 이용한 방법이더라.

바늘을 자석에 문지르고

밀짚에 끼워 물에 띄우면

그 바늘이 빙글 돌아

어김없이 북극성을 가리키나니.

귀요가 나침반에 대해, 그리고 항해 중의 쓰임새에 대해 어디서 어떻게 알게 되었는지는 알 수 없다. 다만 그는 3차 십자군 원정 당시 1189-1192 레반트Levant: 동부 지중해 연안을 가리키는 역사적 명칭 지방을 여행했고, 따라서 성지로 가는 배 위에서 나침반이 사용되는 것을 보았을 가능성이 높다.

유럽의 문헌에서 나침반이 다시 언급된 것은 십자군에 참가했던 아크레Acre의 주교 자크 드 비트리Jacques de Vitry에 의해서였다. 1218년에 그는 나침반이야말로 바다를 항해하는 데 반드시 필요한 도구라고 썼다. 그리고 자철석이 항해에 필수적일 뿐만 아니라 마법에 대한 저항력을 지녔고 광기를 치유하며 해독이나 불면증 치료에도 이용할 수 있다고 주장했다.

13세기 후반에 이르러 또 하나의 시가 등장했는데, 이번에는 이탈리아 볼로냐 지방의 시인 귀도 귀니첼리Guido Guinizelli의 작품이었다.

이 시는 자침에 대해, 그리고 자침이 북극성을 가리키는 성질에 대해 설명하고 있다.

> In quelle parti sotto tramontana
> sono li monti della calamita
> che dan virtude all'aere
> di trarre il ferro; ma perchè lontana
> vale di simil pietra havere aita;
> a farla adoperare
> et dirizzare l'ago inver la stella

> 북풍이 몰아치는 이 지방에는
> 자석으로 이루어진 산맥이 있어
> 대기마저 쇠를 당기는 힘을 가졌나니
> 이같은 돌의 효능을 이용하여
> 바늘이 별을 가리키게 만들더라.

이것은 나침반에 대해 언급한 이탈리아 최초의 문헌이다. 귀니첼리를 흠모했던 단테 알리기에리^{Dante Alighieri}는 그를 가리켜 "나는 물론이거니와 / 일찍이 달콤하고 우아한 사랑의 시를 썼던 사람들, / 나보다 나은 그 모든 이들의 아버지"라고 노래했다. 단테의 말처럼 귀니첼리는 '감미롭고 새로운 문체'라는 뜻을 가진 '돌체 스틸 누오보$^{dolce\ stil\ nuovo}$'를 처음 사용한 시인 중의 하나였다. 단테는 그를 아버지처럼 존경했다. 귀니첼리가 시에서 썼던 나침반의 은유를 몇십 년 후 단테 자신도 사용했을 정도였다.

1269년, 마리쿠르의 순례자 피에르$^{Pierre\ Pélerin\ de\ Maricourt:\ 13세기에\ 활동한\ 프랑스의\ 십자군\ 전사,\ 학자}$—라틴어로는 페트루스 페레그리누스$^{Petrus\ Peregrinus}$라고도 한다.—는 앙주 공작 휘하에서 종군할 당시 이탈리아 남부의 풀리아^{Puglia} 지방에 있던 주둔지에서 편지를 썼다. 그는 이 주둔지에서 자기 나침반에 대한 논문을 쓰며 시간을 보냈는데, 그것이 나중에 《자석에 관하여 병사 시제리우스 드 포쿠쿠르에게 보내는 서한$^{Epistle\ to\ Sigerius\ de\ Faucoucourt,\ Soldier,\ Concerning\ the\ Magnet}$》이라는 제목으로 출간되었던 것이다. 이 편지에서 피에르는 무수 선회축형^{無水旋回軸型} 나침반, 즉 자침의 중심부 밑에 핀을 설치하여 자침을 공중에 띄운 형태의 나침반에 대해 기술했다. 그리고 자침을 액체 위에 띄워 사용하는 부유형 나침반에 대해서도 설명했다.

피에르의 이 글은 그 이후 유럽에서 자기 및 나침반에 대해 기록한 모든 문헌의 토대가 되었다. 그로부터 3세기가 지난 후, 영국의 유명한 수학자이며 철학자인 존 디$^{John\ Dee:\ 1527-1608}$는 피에르의 책의 여백에 주석을 달아놓았다. 자침이 북극성에 끌린다고 생각한 것은 피에르의 오해였고, 사실 자침이 가리키는 것은 지구의 자북극이라는 내용이었다.

시인들은 끊임없이 나침반에 매료되었다. 자침이 보이지 않는 힘에 이끌려 북극성을 가리키는 신비로운 현상은 시인들이 사족을 못 쓸 만큼 기막힌 은유가 아닐 수 없었다. 토스카나의 변호사 겸 서기였던 프란체스코 다 바르베리노Francesco da Barberino: 1264-1348는 볼로냐와 파도바Padova에서 수학하고 아비뇽의 교황청 재판소에서 4년간 일한 후 피렌체로 돌아와 1313년 《사랑의 기록Documenti d' Amore》이라는 제목의 시집을 출간했다. 이탈리아어로 된 압운시에 라틴어 번역을 곁들인 이 시는 바다에서 즐겁게 생활하기 위해 꼭 필요한 규칙을 설명하고 있다.

다 바르베리노는 또한 조난당한 사람들을 위한 지침도 함께 제시했다. 이 시에서 그는 만약 우리가 이같은 곤경에 처한다면 곧 나침반을 만들어야 한다고 썼다. 다 바르베리노의 시는 모든 것이 완비된 휴대용 나침반, 즉 뱃사람들이 해상에서 길을 찾기 위해 언제 어디서나 실제로 활용할 수 있는 나침반에 대해 구체적으로 언급한 최초의 문헌이다.

시인들이 자침에 매료되었다는 증거는 그 이전의 작품에서도 명백히 드러난다. 이탈리아 시인 레오나르도 다티Leonardo Dati는 1294년에 《라 스페라La Sfera; 천체》라는 제목의 장시를 썼다. 이 시의 3권 5편에는 다음과 같은 시구가 있다.

    Col bussolo della stella temperata
    Di Calamita verso tramontana
    Veggono appunto ove la prora guata.

북녘 가리키는 자침을 가진
나침반을 그 별에 맞춰놓고
뱃머리 향한 쪽으로 곧장 오소서.

1300년은 지침면을 갖춘 나침반이 항해 도구로 처음 등장했던 해로 알려져 있다. 바로 그 해에 단테는 10년 뒤에 집필한 《신곡》에서 묘사한 것처럼 지옥으로 내려갔다. 그는 어두운 숲속에서 길을 잃었는데(현대의 학자들은 이 사건이 1300년의 성 금요일^{예수의 수난일로 부활절 전의 금요일}에 일어났을 것이라고 설명한다), 이때 자신의 '나침반'—즉, 베르길리우스^{Vergilius: 고대 로마의 시인. B.C. 70-19}—을 만나 그의 안내를 받으며 지옥과 연옥, 그리고 천국을 차례로 여행하게 되었던 것이다.

'천국편'에서 넷째 하늘^{중세 천문학에서 지구를 중심삼아 존재한다고 보았던 열 개의 천구 중의 하나.} 태양천^{太陽天}에 이르렀을 때 단테는 영혼들의 노래를 듣는다. 그는 곧 바위섬에서 뱃사람들을 유혹하여 올바른 항로를 벗어나 난파하게 만들었다는 세이렌들의 노래를 떠올린다. 그러나 그때 그를 나침반의 자침처럼 빙글 돌아서게 만드는 목소리가 들려온다(12곡, 28-30행).

>Dal cor dell' una delle luci nove,
>Si mosse voce, che l'ago alla stella
>Parer mi fece in volgermi al suo dove.

새로 나타난 빛 가운데 한 분의 가슴으로부터
한 가닥 음성이 울려나왔고, 그 소리를 들은 나는
바늘이 북극성을 가리키듯 그쪽을 돌아보았다.

단테를 돌아서게 만든 이 상냥한 목소리의 주인공은 프란체스코 파의 신비주의자 성 보나벤투라$^{Bonaventura: 1221-1274}$였다. 단테는 당대의 새 발명품 나침반을 은유로 사용하고 있는데, 이 바늘은 곧 사람의 영혼이 의로움과 영원한 사랑에 이끌리는 현상을 상징한다. 단테가 이 구절을 쓴 것은 1310년에서 1314년 사이였다. 이 시는 1300년대 초의 유럽에서 자기 나침반이 이미 널리 알려져 있었음을 말해준다.

이탈리아인들이 이 새로운 도구에 붙여준 이름은 '부솔라^{bussola}'였고, 그것은 이탈리아어에서 여전히 '나침반'을 의미한다. 이 용어가 문헌상에 처음 나타난 것은 프란체스코 다 부티$^{Francesco\ da\ Buti:\ 1315?-1406}$가 단테의 《신곡》에 대해 집필한 해설서에서였다. 이 책은 《신곡》이 처음 발표된 후 반 세기가 지난 1380년에 출간되었다. 단테의 시에 등장한 것은 북극성을 가리키는 단순한 자침이었지만, 다 부티가 부솔라라고 불렀던 것은 풍배도$^{風配圖: 특정\ 기간,\ 특정\ 장소의\ 바람에\ 관한\ 정보를\ 요약한\ 지도식\ 도표.\ '바람장미'}$가 그려진 지침면을 갖춘 상자형 나침반이었다.

부솔라라는 용어는 이탈리아의 옛말 '부솔로^{bussolo}'에서 나온 것인데, 이 말은 중세 라틴어에서 '나무 그릇'을 뜻하는 '북시다^{buxida}'와 '북수스^{buxus}'가 변형된 것이고, 이 두 낱말의 어원은 고전 라틴어에서 '상자'를 뜻하는 '시스^{pyxis}'였다. 프란체스코 다 부티가 묘사한 '부솔라 나우티카$^{bussola\ nautica}$', 즉 항해용 나침반은 나무 상자에 유리 덮개를 씌워놓은 형태였다. 그 속에는 풍배도를 그려넣고 0도에서 360도 사이의 각도로 방향을 표시한 원판이 있고, 그 위에 자유롭게 회전하는 자침을 설치했다. 풍배도는 16방위로 되어 있었다.

우리는 지중해에서 항해 중에 사용한 전통적 방위 체계가 열두 가지 바람을 이용한 것이었음을 알고 있다. 이 체계는 고전 시대로 거슬러 올라가는데, 그 이후 중세까지 전혀 달라지지 않았다. 다 바르베리노의 시에도 그 열두 바람이 열거되어 있다. 그런데 해도에 그려진 풍배도는 16방위로 되어 있고, 중세 후기에서 현대에 이르기까지 풍배도가 그려진 나침반에 대해 설명한 문헌들은 모두 16방위나 16의 배수인 32방위 또는 64방위로 표시한 풍배도를 묘사하고 있다. 도대체 언제부터, 또 무엇 때문에 이렇게 12방위에서 16방위로 바뀐 것일까? 그리고 항해에 이용된 방위들은 어디서 기원했을까?

에트루리아 샹들리에
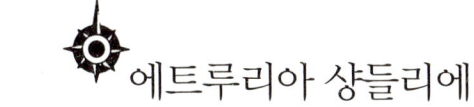

항해에 이용되는 네 가지 기본 방위—동, 서, 남, 북—는 뿌리 깊은 역사를 가지고 있다. 이 방위들이 처음 규정된 것은 성서에서였다. 이스라엘을 공격해올 적들이 있는 방향과 그들을 막기 위해 군대가 이동해야 할 방향을 설명하기 위해서였다.

이스라엘 땅은 지중해 연안을 따라 대체로 남북 방향으로 뻗어 있다. 이스라엘의 동쪽은 바위투성이의 불모지 에돔^{Edom} 산맥이다. 서쪽은 바다가 가로막고 있다. 남쪽에는 황량한 네게브 사막이 있고, 북쪽에는 숲이 우거진 레바논 산맥이 있다. 이스라엘 역사의 초기에 성서는 그 지역의 독특한 지리적 환경을 이용하여 네 가지 기본 방위를 정의했다. 성서에서 동쪽은 붉은 에돔 산맥이 있는 방향인 '케뎀^{Kedem}'이었고, 서쪽은 바다를 의미하는 '얌^{Yam}', 남쪽은 사막의 이름을 따서 '네게브^{Negev}', 그리고 북쪽은 '차폰^{Tsafon}'이었다. 이같은 방위 체계는 적어도 3,500년 전으로 거슬러 올라간다. 3,000년 전에 지중해와 홍해를 오갔던 솔로몬 왕의 뱃사람들도 이 방위 명칭을 사용했을 것이다.

그로부터 얼마간의 시간이 흐른 후—그러나 나침반이 발명되기 훨씬 전에—좀더 정확한 항해술을 위해 더 많은 방위가 도입되었다. 이 방위들은 바람의 방향에 바탕을 두고 있었다. 풍향은 곧 풍배도의 발명을 낳았고, 풍배도는 나중에 나침반에도 사용되었다. 그러나 그렇게 되기까지의 구체적인 과정은 밝혀지지 않았다.

아테네 한복판에—쇼핑가 및 유흥가로 유명한 플라카^{Plaka} 지구의 위쪽이며 아크로폴리스$^{Acropolis: 파르테논 신전이 있는 성채}$에서도 가까운 곳이다.—옛날 아고라^{Agora}, 즉 시장이었던 유적지가 있다. 이곳에는 로마 시대의 시장보다 먼저 만들어진 팔각형 석탑 하나가 서 있다. '바람의 탑'이라고 불리는 이 석탑에는 동, 서, 남, 북의 네 방위와 그 사이사이의 네 방위—남동, 남서, 북동, 북서—를 상징하는 여덟 바람의 형상이 새겨져 있다. 고대의 항해술을 기리는 이 석탑은 기원전 2세기경 마케도니아의 천문학자 안드로니코스^{Andronicus}가 세운 것이다. 여덟 바람은 각기 남자의 형상으로 조각되었다.

이 여덟 개의 바람은 곧 항해술을 위한 12방위 체계로 발전했다. 원래의 여덟 개에 네 개가 더 추가된 것이다. 나침반 이전 시대의 뱃사람들에게 방위의 개념은 태양의 뜨고 짐보다 바람과 더 밀접한 관련이 있었다. 항해 중인 뱃사람에게 가장 중요한 것은 태양의 위치가 아니라 방향과 풍속이기 때문이다. 바람은 날씨의 변화를 가져오

바람의 탑. 아테네. 크레이그 모지craig Mauzy와 마리모지Marie Mauzy

는데, 그 날씨의 양상은 바람이 불어오는 방향에 따라 달라진다. 《피난처를 찾는 기술The Haven-Finding Art》의 저자 테일러E.G.R. Taylor는 이렇게 말했다.

"바람의 '감촉'은 곧 대략적인 방향까지 알려준다. 따라서 각각의 방위에 그쪽에서 불어오는 대표적인 바람의 이름이 붙게 된 것도 당연한 일이다."

북반구의 경우, 찬 공기는 북쪽에서 오고 더운 공기는 남쪽에서 온다. 그래서 그리스인들이 차가운 북풍에 붙여준 이름 보레아스Boreas가 곧 북쪽을 뜻하는 명칭이 되었다. 더운 남풍의 이름은 노토스Notos였고, 그래서 남쪽은 노토스가 되었다. 온화한 서풍 제퓌로스Zephyros는 서쪽의 명칭이 되었고, 건조한 동풍 아펠리오테스Apeliotes는 동쪽의 명칭이 되었다.

그러나 뱃사람들은 바람을 더욱더 면밀히 관찰하여 일일이 구분할 줄 알았다. 가령 다습한 북풍도 있고 건조한 북풍도 있다. 북풍에 서풍의 성질이 가미되면 돌풍이 몰아치고 비가 내린다. 그런 바람은 보레아스가 아니라 아르게스테스^{Argestes}라고 불렸다. 마찬가지로 북쪽과 동쪽, 남쪽과 동쪽, 남쪽과 서쪽 사이에도 각기 다른 바람이 존재했다. 그래서 8방위로 이루어진 풍향 체계가 되었던 것이다. 아테네에 있는 바람의 탑에 새겨진 것이 바로 그 체계였다.

풍배도^{風配圖}는 여러 바람의 방향을 표시한 그림이다. 12방위로 그려진 풍배도를 발명한 사람은 아리스토틀 티모스테네스$^{Aristotle\ Timosthenes}$였다고 한다. 기원전 250년경에 살았던 뱃사람이자 학자인 그는 이집트의 프톨레마이오스 2세$^{Ptolemaeos\ II\ :\ B.C.\ 308-246(B.C.\ 285-246\ 재위)}$에게 발탁되어 해군에서 키잡이들의 우두머리가 되었다. 프톨레마이오스는 과학과 기술을 중시했고, 그의 치하에서 이집트인들은 항해술을 비롯한 여러 분야에서 큰 발전을 이루었다. 티모스테네스의 열두 바람 속에는 보레아스, 노토스, 제퓌로스, 아펠리오테스와 함께 각 쌍의 사이사이에 두 개씩의 바람이 추가되어 있었다. 이 12방위가 풍배도에 표시되었다.

티모스테네스는 이집트 함대를 위한 항해 지침서를 집필했다. 이 책은 항해에 대한 지시문들을 싣고 있었으며 그후 몇 세기에 걸쳐 계속 확충되었다. 뒤이어 다른 항해 지침서들도 등장하여 뱃사람들

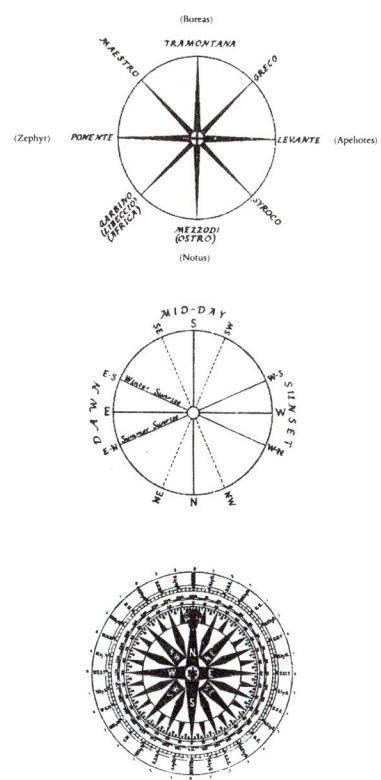

풍배도의 발달 과정: 지중해의 여덟 바람 풍배도(라틴어 명칭이 붙어 있음), 고전 고대(일반적으로 고대 그리스 로마 시대와 그 문화를 이르는 말)의 열두 바람 풍배도, 그리고 현대 나침반의 풍배도

의 필수품이 되었다. 12세기경에는 지중해 전역의 모든 항구로 가는 데 필요한 항해 지침서를 구할 수 있었다. 다음은 티모스테네스의 항해 지침서 원본에 실린 항해 지시문의 한 예다.

"키오스Chios에서 레스보스Lesbos로 갈 때, 노토스를 타고 200스타디이 stadia: 고대 그리스에서 사용한 길이의 단위 스타디움stadium의 복수형. 1스타디움은 약 200미터."

비교를 위해 현대의 항해 지침서인 《니콜 항로 안내서Nicholl's Concise Guide to Navigation, 1989》의 한 대목을 보자.

"봄베이Bombay에서 아덴Aden으로: 남남서(SSW)로 북위 6도까지, 서북서(WNW)로 북위 8도까지, 거기서부터 아시르Asir 곶까지."

고대의 항해 안내서와 현대의 것이 본질적으로 매우 닮았음을 알 수 있다. 양쪽 모두 가장 능률적인 방법으로 목적지에 닿으려면 어느 방향으로 얼마만큼 가야 하는지를 말해주고 있기 때문이다. 고대 안내서의 지시문들은 바람에 기초한 방위 체계가 뱃사람들에게 유용했던 까닭을 말해준다. 가령 티모스테네스의 예문에서처럼 범선을 타고 키오스를 출발하여 곧장 레스보스로 가려면 돛이 남풍 노토스를 받아야 했다. 결국 바람이 배의 방향을 결정했던 것이다.

옛 해도에서는 여백에 그림을 그려 풍향을 표시하기도 했다. 현재 남아 있는 중세의 해도들은 풍배도의 형태로 방향을 표시하거나 입김을 훅 뿜어내고 있는 두상을 여백에 그려놓았다. 자기 나침반이 등장하기 전에 제작된 이 해도들은 8방위 또는 12방위로 구성된 풍향 체계를 보여준다. 그러나 나침반을 사용하기 시작한 후, 무엇 때문인지 풍배도는 16방위로 바뀌게 되었다. 그 이유가 무엇이었을까? 이 질문의 답을 구하기 위해서는 일견 항해와는 무관해보이는 고대의 한 문화를 살펴보아야 한다.

고고학은 현대에 이르러 크게 발전했고, 사라진 여러 문명에 대해

많은 것을 가르쳐주었다. 그러나 유독 에트루리아인들에 대해서는 별로 알려진 것이 없다. 에트루리아인들은 에트루리아 지방에 살았던 이탈리아 토착민들이다. 그곳은 대략 오늘날의 토스카나 주와 움브리아 주에 해당하는 지역이며—사실은 그보다 좀더 넓었다—포도나무와 올리브 나무가 잘 자라는 구릉 지대로 이루어져 있다. 에트루리아 문명은 기원전 9세기부터 기원전 1세기까지 번성하다가 로마에 흡수되었다.

에트루리아는 최근까지도 거의 완전히 신비에 싸인 문명이었다. 우리는 그 문명이 시대적으로 로마보다 앞섰다는 것, 그리고 정교한 석관石棺들을 남긴 것으로 미루어 죽은 자들에게 많은 관심을 쏟았다는 것을 알고 있다. 그러나 그것 말고는 이 고대 문명에 대해 아는 것이 거의 없다. 그런데 이제 과학의 힘으로 에트루리아인들의 언어와 관습을 비롯한 여러 가지 정보를 얻게 되었다. 에트루리아인들은 주로 작은 마을에서 살았고, 부자들은 소박한 시골 장원에서 지냈다. 나중에는 이탈리아 최초의 몇몇 도시를 건설했는데, 페루자Perugia, 시에나Siena, 코르토나Cortona, 볼테라Volterra, 아레초Arezzo, 피에솔레Fiesole 등이다. 그리하여 에트루리아는 공통의 언어와 종교와 관습으로 서로 연결된 도시 국가들의 느슨한 동맹체가 되었다.

그들 다음에 등장한 로마인들처럼 에트루리아인들도 잔치를 좋아했다. 잔치는 대개 늦은 오후에 시작되어 밤이 깊도록 계속되었다. 현재 남아 있는 프레스코화들은 부유한 에트루리아인들이 나무 침상에 기대고 앉아 노예들의 시중을 받으며 풍성한 음식을 맛보는 장면을 묘사하고 있다. 에트루리아인들의 식단은 야채, 빵, 곡류, 치즈, 과일, 그리고 약간의 육류 등이었다.

기원전 8세기에 에트루리아인들은 그들보다 더 발전되었던 그리스 및 페니키아의 문명과 처음 접촉하게 되었다. 에트루리아인들은 그리스 신화를 받아들여 자신들의 사자死者 숭배 사상과 결합시켰다. 그들은 정기적으로 신들에게 제물을 바쳤는데, 그 중에는 점토로 만든 인체의 여러 부분도 포함되어 있었다. 그렇게 제물로 바친 부분에 해당하는 신체 부위를 신들이 축복해주기를 바랐던 것이다. 이같은 고고학적 증거를 통하여 우리는 생식력이 그들의 중요한 관심사였음을 추론할 수 있다.

에트루리아 지방에서는 신비주의에 바탕을 둔 오르페우스 밀교가 번창했다. 에트루리아인들은 폭풍우나 벼락 같은 자연 현상을 예측하기 위해 점쟁이들을 찾았고, 그같은 현상의 근원지를 알아내기 위해 방위 체계를 발전시켰다. 그리고 이 체계에 마법의 힘이 있다고 믿었으므로 성직자들이 술법을 부릴 때도 그것을 이용했다.

1947년, 이탈리아 학자 바키시오 모초Bacchisio Motzo가 중세의 항해술에 대한 놀라운 사실을 발견했다. 그는 고대부터 중세 사이에 항해술이 발전한 과정에서 제기된 수수께끼 하나를 해결하려고 노력하던 중이었다. 역사적으로 오랫동안 사용되었던 8방위 및 12방위 풍배도가 갑자기 16방위 체계로 바뀌게 된 까닭은 무엇일까? 16방위 풍배도는 13세기 말에 이탈리아 등지의 항해자들이 사용했던 자기 나침반에서 찾아볼 수 있으며 그때부터 지금까지 계속 사용되고 있다.

자료를 조사하는 과정에서 모초는 고대 에트루리아의 점복술占卜術을 연구하게 되었다. 로마의 기록을 통해 그는 에트루리아의 점쟁이들이 지평선을 등간격으로 나누어 16개로 구분했다는 것을 알고 있었다. 혹시 이 독특한 분할 체계가 풍향과 관계가 있고, 그것이 결국 나침반에 그려지게 된 것은 아닐까? 그런데 항해자들이 전통적으로 항상 사용해왔던 8방위 또는 12방위를 마다하고 하필 16방위를 나침반에 사용하게 된 것은 도대체 무엇 때문이었을까? 모초는 일단 에트루리아의 신비주의적인 관습이 당시 사용되었던 모종의 자석 장치와 관계가 있으며 그 장치가 결국 점복술에서 사용되었던 16방위와 함께 자기 나침반으로 발전했을 것이라는 가설을 세웠다. 그러나 지평선을 분할하는 16방위 체계가 에트루리아인들의 점복술의 기반이었다는 이 가설은 사실 에트루리아가 아니라 로마의 문헌을 통해 얻은 것이었다. 모초에게 필요한 것은 에트루리아의 신비주의자들이 실제로 16방위를 사용했다는 것을 입증해주는 구체적인 발견물, 즉 에트루리아의 문화 유물이었다.

에트루리아 학술 박물관은 토스카나 지방에 있는 코르토나 시의 중앙 광장에 자리잡았다. 이곳은 넓은 전시실 하나와 몇 개의 작은 전시실이 전부인 작은 박물관인데, 주로 르네상스 시대 화가들의 그림과 함께 유리 진열창으로 보호한 에트루리아 유물들을 전시하고 있다. 유물 중에는 사람이나 말 등의 작은 청동상이 많고 장신구도 더러 포함되었다. 그러나 이 박물관에서 가장 중요한 소장품은 중앙 전시실의 천장에 매달려 있다. 그것은 대단히 정교하게 만든 에트루리아 샹들리에로, 그 가장자리에는 열여섯 개의 형상이 새겨져 있다.

이 청동 샹들리에는 기원전 5세기 또는 4세기의 것으로 밝혀졌는데, 1840년 코르토나가 위치한 언덕 기슭에서 원형 그대로 발견되었다. 워낙 독특한 유물이라서 고고학자들의 각별한 관심을 모았고, 오늘날까지도 학자들은 그 신화적 형상들의 풍부한 상징성에 매혹되곤 한다. 이 원형 샹들리에는 무게 130파운드에 달하는 한 덩어리

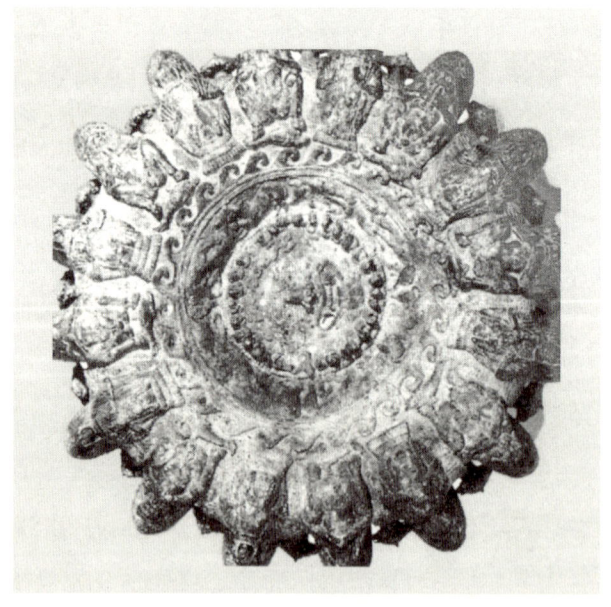

에트루리아 샹들리에. 이탈리아 코르토나의 에트루리아 학술 박물관 소장

의 청동으로 만들어졌다. 중심부에는 고르곤^{그리스 신화에 나오는 괴물}이 있고, 그것을 둘러싼 열여섯 개의 형상은 각각 여덟 명의 외설적인 사티로스와 여덟 명의 세이렌이 교대로 배열된 형태다. 천장을 향한 면에는 신화 속에 등장하는 괴물들의 두상이 있는데, 저마다 수염이 길고 뿔이 돋아났으며 머리가 움푹 파여 있다. 이 속 빈 두상들은 아마도 샹들리에에 불을 밝힐 때 사용하는 기름 그릇이었을 것이다.

학자들은 신화적 형상들을 숭배했던 에트루리아의 오르페우스 밀교^{디오니소스를 섬긴 고대 종교의 일종} 신자들이 이 샹들리에를 만들었을 것이라고 믿는다. 여기 새겨진 괴물들의 정확한 의미는 여전히 수수께끼로 남아 있지만 '16'이라는 숫자는 분명히 타당성을 가지고 있다. 모초를 비롯한 여러 학자들은 샹들리에의 아래쪽에 새겨진 열여섯 개의 형상들이 곧 방향을 열여섯 개로 구분하는 16방위 체계를 나타낸 것이라고 주장한다. 그것은 현대 항해술에서 사용되는 것과 동일한 체계다.

'16'이라는 숫자의 상징적 중요성을 보여주는 유물은 에트루리아 샹들리에만이 아니다. 학자들이 이 샹들리에를 처음 분석한 이후, 지중해 연안에서 번성한 오르페우스 밀교에서 기원했다고 믿어지는 다른 유물들도 잇따라 연구되었다. 그런데 흥미롭게도 대리석이나 도기로 만든 이들 공예품 중에도 역시 원을 16등분한 형태로 만든 물건들이 적잖이 포함되어 있었다.

남부 이탈리아에서 코파 타란티나^{Coppa Tarantina}라는 이름의 놀라운

61

유물이 발견되었다. 그리스와 이집트의 신화가 융합된 형태를 보여주는 대리석 사발이었다. 이 예술품은 에트루리아 샹들리에와 매우 비슷한 도안으로 만들어졌는데, 거기에는 '뮈스타이^{mystai}'라고 불리는 열여섯 명의 신들이 둥글게 배치되어 있었다. 이 사발은 어느 날 이탈리아 바리^{Bari} 시의 한 박물관에서 온데간데없이 사라져버렸다.

16이라는 숫자의 상징성은 중세 시대까지 전해졌던 모양이다. 그리스의 아토스 산에서 발견된 13세기의 의례용 사발에도 둘레에 열여섯 명의 형상이 그려져 있다.

이윽고 풍향과 자석이 만나게 된 것은 비의종교^{秘儀宗敎}와 관련해서였다. 에게 해의 사모트라케^{Samothrace} 섬에서 고고학자들은 점복술에 사용된 것으로 믿어지는 커다란 대리석 바퀴를 발견했다. '아르시노에이온^{Arsinoeion}'이라고 불리는 이 바퀴는 16개 부분으로 분할되어 있다. 이 발견이 중요한 것은 그리스 전역을 통틀어 이와 유사한 장식적 유물들은 대개 10개 또는 12개 부분으로 분할되어 있기 때문이다. 학자들은 아르시노에이온이 고전 시대부터 기독교 시대까지 이 섬에서 번성했던 한 종교의 유물이라고 믿는다. 사모트라케의 이 종교는 점을 칠 때 자철석을 사용했다. 신도들은 각기 자철석으로 만든 반지를 끼었는데, 그것이 지도자가 가지고 있는 커다란 자철석 열쇠에 끌리게 되어 있었다. 전설에 따르면 이 종교는 아르고^{Argo: 이아손이 황금 양털을 찾으러 갈 때 탔던 배}의 선원들을 비롯한 신화 속의 뱃사람들과도 관련이 있다고 한다. 아무튼 사모트라케의 이 종교를 통하여 나침반의 세 가지 요소—즉, 항해·자석·16방위 체계—가 일찌감치

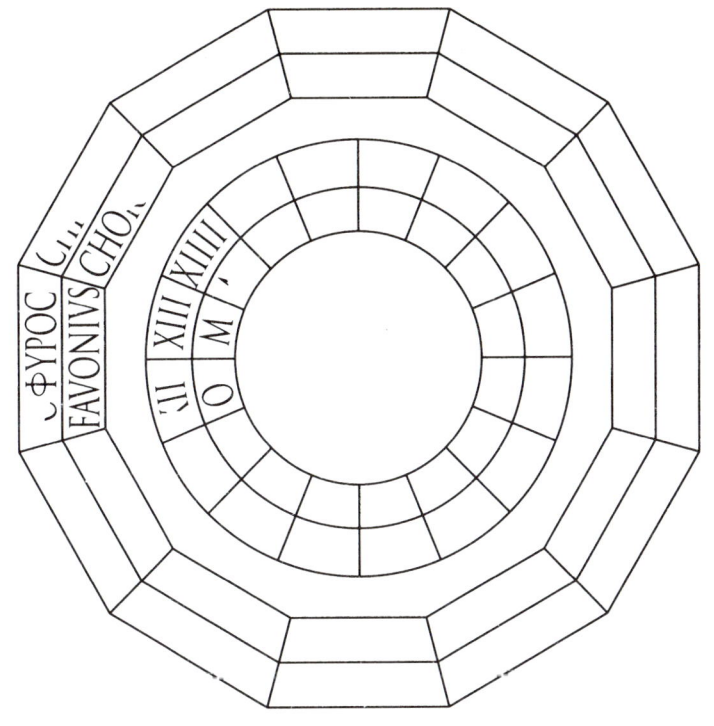

그리스의 열두 바람과 에트루리아의 16방위를 함께 표시한 프라하 원반의 파편

한 자리에 모였을 가능성이 높다.

12방위로 이루어진 옛 풍배도와 현대의 나침반에서도 사용되고 있는 불가사의한 16방위 체계 사이의 직접적인 연관성이 밝혀진 것은 지난 세기에 남부 이탈리아에서 발견된 고고학적 유물을 통해서였다. 그것은 현재 프라하의 고고학 박물관에 보관되어 있는 대리석 원반이다. 이 프라하 원반에는 고대의 12방위 체계와 에트루리아인들을 비롯한 지중해 여러 민족의 16방위 체계가 함께 표시되어 있

다. 그러므로 프라하 원반은 한 체계를 다른 체계로 '번역'하는 일종의 로제타석^{Rosetta stone : 1799년 로제타에서 발견된 비석으로, 이집트어와 그리스어를 함께 기록하여 고대 이집트 상형문자 해독의 결정적 단서가 됨}이었던 셈이다.

에트루리아 샹들리에를 비롯한 여러 유물들은 나침반의 신비로운 기원을 밝혀주는 증거물들이다. 13세기 후반부터 사용되었던 발전된 형태의 나침반들은 16방위 풍배도를 채택하고 있다. 이 방위 체계는 먼 옛날 지중해 연안에서 번성했던 점성술 종교들로부터 유래했다. 그러나 남부 이탈리아에서는 자기 나침반의 발명을 아말피 시와 연결지어 생각하는 관행이 여전히 사라지지 않고 있다.

아말피의 역사를 이해하기 위해서는 먼저 그곳에서 북서쪽으로 겨우 4킬로미터 떨어진 덩치 큰 이웃 도시 나폴리에 대해서도 조금은 알아둬야 한다. 오늘날의 나폴리는 거대한 도시다. 남부 이탈리아에서 가장 큰 도시이며 전국에서도 세 번째로 손꼽힌다. 나폴리는 미국의 가장 큰 항공모함을 포함하여 크고 작은 온갖 배들에게 천연의 피난처를 제공하는 드넓은 만을 가지고 있다. 더구나 나폴리의 잘 발달된 항구는 지중해 전체에서도 가장 중요한 무역항 중의 하나다. 이곳에 대규모 항구를 건설한 것은 고대 그리스인들이었는데, 그때부터 이 도시는 역사를 통틀어 언제나 해운의 중심지였다.

그런 나폴리에 비하면 오늘날의 아말피는 제대로 된 항구조차 없는 작은 마을에 불과하다. 그럴 듯한 천연만도 없고, 어선 몇 척이 서로 부대껴야 할 만큼 작디작은 방파제 하나가 있을 뿐이다. 매일 두 번씩 운행하는 낡아빠진 배 한 척이 소렌토로부터 몇몇 용감한 사람들을 싣고 오지만, 방파제로 보호되는 곳까지 들어오는 것도 결코 쉬운 일이 아니다. 아말피를 찾는 대부분의 관광객들은 버스를 이용한다. 그러므로 우리가 나침반의 역사를 고찰하려고 할 때 제일 먼저 떠오르는 의문은 이것이다. 뱃사람들이 사용하는 상자형 나침반이 이곳 아말피에서 발명되었다는 것이 과연 사실일까? 나폴리가 아니고? 베네치아도 아니고? 제노바도 아니고?

기원전 5세기경, 그리스인들의 거류지가 있던 쿠마에^{Cumae} 근처, 그러니까 오늘날 우리가 나폴리 만이라고 부르는 곳의 북쪽 언저리에 새로운 도시가 건설되었다. 이 도시는 그리스어로 네아폴리스^{Neapolis}라고 불리다가 나중에 나폴리가 되었다. 기원전 326년에 나폴리와 이웃 도시들은 로마의 동맹국이 되었다. 로마가 차츰 제국으로 성장하면서 나폴리와 인근 지역, 즉 캄파니아 지방은 로마 지배층의 놀이터가 되었다. 황제, 원로원 의원, 웅변가, 시인 등등이 모두 나폴리 일대로 몰려와 향락을 즐겼다. 넓고 깊숙한 천연만 덕분에 나폴리는 역사상 언제나 해양 도시로서 중요한 역할을 담당했고, 대규모 함대를 수용할 수 있어서 로마 시대부터 냉전 시대에 이르기까지 줄곧 전략적 중요성을 잃지 않았다.

기원후 79년, 때마침 나폴리 만의 북쪽 입구에 있는 미세눔^{Misenum}에 로마 함대가 정박하고 있었는데, 갑자기 베수비오 화산이 폭발하여 만 전체를 화산재로 뒤덮고 휴양 도시 폼페이^{Pompeii}와 헤르쿨라네움^{Herculaneum}을 파괴했다. 함대는 죽음을 피해 달아나는 사람들을 배에 태워 만 주변의 안전 지대로 피난시켰다. 이 사건을 보고한 사람은 안전한 미세눔에서 폭발 장면을 목격했던 소 플리니우스Pliny the Younger: 로마의 작가, 행정관. A.D. 61?-113?였다. 한편 그의 삼촌이며 함대 사령관이었던 대 플리니우스Pliny the Elder: 로마의 학자, 작가. A.D. 23-79는 사람들의 생명을 구하다가 목숨을 잃었다. 소 플리니우스의 이야기는 나폴리 만이 로마 함대의 정박지로 얼마나 중요했는지를 잘 보여준다. 오늘날에도 미해군 제6함대가 이곳에 대규모 기지를 두고 지중해 전역을 순찰하고 있다.

로마가 몰락한 후 나폴리는 543년 고트족Goths: 3-5세기경에 로마 제국을 침략한 튜턴계 민족의 손에 떨어졌으나 10년 뒤에는 콘스탄티노플에 자리잡은 동로마 제국의 지배를 받게 되었다. 나폴리는 이 시기에도 줄곧 독립성을 유지했지만 1139년 노르만족Norman : 10세기경 북프랑스 등에 침입한 스칸디나비아 출신의 북유럽 종족에 함락되어 루지에로 2세Ruggiero II. 1095-1154의 시칠리아 왕국에 합병되었다. 1224년, 루지에로의 손자였던 호헨슈타우펜Hohenstaufen: 신성 로마 제국을 지배한 독일 왕조의 프리드리히 2세Friedrich II: 1194-1250가 나폴리 대학을 세우고 자신의 이름을 따서 '페데리코 2세 대학'으로 명명했다. 그때부터 나폴리에서는 예술과 과학이 번창했고 이 도시는 곧 남부 이탈리아의 문화와 지식의 중심지가 되었다.

앙주의 카를로Carlo d'Angiò: 나폴리와 시칠리아의 왕 카를로 1세의 별칭. 1226-1285 치하에 있던 1266-85년, 나폴리는 왕국의 수도가 되었다. 해군 및 해운의 중심지로서의 중요성 때문에 나폴리는 오랫동안 쟁탈전의 표적이 되어 수많은 전쟁을 겪어야 했다. 1442년, 이 도시는 아라곤의 왕 알폰소 1세$^{Alfonso\ I:\ 아라곤의\ 왕(1416-58),\ 나폴리의\ 왕(1442-58),\ 1396-1458}$에게 점령되었고, 그후 1700년대까지 에스파냐 총독의 지배를 받았다. 그러다가 1713년에 이르러 부르봉 왕가로 넘어갔고, 나중에 이탈리아가 통일되는 과정에서 1860년에 합병되었다. 행정 중심지로서 나폴리가 갖는 중요성 때문에 이곳에는 남부 이탈리아의 역사에 등장하는 인물이나 사건에 대한 기록들이 모두 보관되어 있었다. 이웃의 아말피 해안에 대한 기록도 예외가 아니었다. 따라서 19세기 말엽에 이르러 좀처럼 실체를 파악할 수 없는 저 아말피의 나침반 발명자의 신원에 대한 기록을 찾기 위해 탐색 작업이 벌어진 곳도 바로 이곳 나폴리의 왕립 기록 보관소였다. 그때부터 시작된 논쟁은 오늘날까지 계속되고 있다.

로마 제국의 몰락은 일련의 사건들을 촉발시켰다. 로마의 멸망 이후 몇 세기에 걸쳐 게르만 종족들이 이탈리아를 침범하면서 제국의 기간 시설들이 파괴되었다. 수세기 동안 이탈리아 각지를 하나로 이어주었던 도로와 교량들이 손실되었다. 해외의 거류지로 가는 바닷길도 끊어졌다. 이탈리아 전역에서도 몇몇 해안 도시만이—아말피, 가에타^{Gaeta}, 나폴리, 베네치아—콘스탄티노플을 비롯한 동방과의 연결 상태를 유지할 수 있었다. 그러다가 7세기 전반에 동로마 제국이 시리아와 이집트를 잃고 말았다. 이제 제국의 해상 교역로 중에서 남은 것이라고는 콘스탄티노플과 그들 도시 사이의 교역로가 전부였다. 그러다가 마침내 나폴리와 그 이웃의 가에타마저 침략자들에게 함락되고 오직 남쪽의 아말피와 북쪽의 베네치아만이 콘스탄티노플 및 동방과의 교역을 유지할 수 있는 해운 중심지로 남게 되었다. 바야흐로 작은 도시 아말피가 규모도 훨씬 더 크고 천연의 항구와 인상적인 만을 겸비한 이웃 도시 나폴리로부터 해양 강국의 지위를 물려받게 된 것이었다.

전설에 따르면 아말피는 콘스탄틴 대제가 건설했다. 그러나 이 도시에 대한 기록이 나타나기 시작한 것은 그로부터 백 년 이상이 경과한 6세기부터였다. 중세의 아말피는 독립적인 도시 국가였다. 인구는 약 5만 명이었고 대공(大公)들이 다스렸는데, 나중에는 이 지위가 세습되었다. 7세기 후반에 아말피는 북아프리카와 해상 교역을 시작했고, 9세기에는 시리아 및 이집트와의 교역도 재개했다. 아말피는 베네치아보다 먼저 이같은 거래 관계를 성립시킴으로써 중세 후반의 베네치아에 필적하는 명성을 얻게 되었다. 11세기 말엽 노르만족에게 독립을 빼앗긴 뒤에도 아말피는 막강한 해양 국가의 자리를 계속 지켰다.

1071년, 아말피는 한 노르만족 남작의 아들 로베르토 기스카르 Roberto Guiscard: 모험가. 1015?-1085에게 점령당했다. 남부 이탈리아를 지배하던 그는 더 나아가 바리와 살레르노까지 정복하여 점점 커져가는 자신의 영토에 병합시켰다. 로베르토 기스카르에게는 '교활한' 이라는 형용사가 따라다녔지만 사실 그는 교활하기보다 매우 대담한 자였다. 장차 그리스를 정복하고 콘스탄티노플까지 진격하여 비잔틴 제국의 새 황제로 등극하겠다는 계획을 세울 정도였다. 당시의 황제 알렉시우스 1세$^{Alexius\ I:\ 1048-1118}$가 이 노르만족의 야심을 알아차렸을 때 안절부절못한 것도 무리가 아니었다. 황제는 동맹국 베네치아에 해군 병력을 요청했고, 베네치아 함대는 로베르토의 군대를 저지하여 코르푸^{Corfu} 섬에 묶어둠으로써 그리스 본토로 진입하지 못하게 했다. 베네치아가 승리를 거둔 최초의 주요 해전이었던 이 싸움은 당시 이탈리아의 해군력을 잘 보여준다. 이탈리아 함대는 11세기와 12세기에 걸쳐 줄곧 성장과 발전을 거듭했다.

1077년, 로베르토는 남부 이탈리아를 차지한 자신의 노르만족 왕국에 공식적으로 아말피를 합병시켰고, 그때부터 아말피는 해상 교역을 통해 거대한 부를 축적하기 시작했다. 해양 강국으로서 아말피는 제노바, 피사, 베네치아 등과 경쟁하고 있었다. 이때 나폴리는 더 이상 해양 세력으로서의 영향력을 발휘하지 못했다. 이제 아말피는 항해에 관한 모든 문제를 좌지우지하게 되었는데, 바다에 관한 새로운 법률을 제정하는 일도 마찬가지였다. 아말피의 해상법 '타불라 데 아말피$^{Tabula\ de\ Amalpha}$'는 13세기부터 16세기까지 지중해 전역에서 두루 존중되었다. 1206년, 아말피 사람들은 이렇게 새로 이룩한 번영을 자축하기 위해 로마네스크 양식의 장엄한 대성당을 짓고 그곳에 유해를 모신 성 안드레$^{12사도의\ 한\ 사람이며\ 베드로의\ 동생.\ A.D.\ 60\ 또는\ 70년\ 그리스에서\ 순교했다고\ 전해짐}$의 이름을 따서 명명했다.

그리하여 아말피는 다른 도시 국가들이 미처 기회를 얻기도 전에 일찌감치 지중해 연안에서 으뜸가는 상업 중심지로 발돋움하여 동서 모두를 아우르는 교역 활동을 펼치기 시작했다. 아말피가 지중해의 주도적 해양 국가였던 이 시기는 비교적 짧은 편이었지만 항해의 역사에서 결코 빼놓을 수 없을 정도로 중요하다. 바야흐로 항해가 과학적이고 능률적인 것으로 발전해가는 시대였기 때문이다. 아말피는 해상법과 항해 기술 및 과학의 산실이었다. 아말피의 상인들과 선원들은 중세의 암흑기를 뒤덮은 먹구름이 잠시 걷혔을 때 이를 효과적으로 활용했다. 다른 도시 국가들이 혼란에 빠져들고 전세계의 교역이 쇠퇴일로를 걷고 있을 때 아말피와 아랍권 및 비잔틴 제국의 상업적 유대 관계는 더욱 돈독했는데, 그것은 이 도시가 해양 산업에서 탁월한 역량을 드러냄으로써 멀리 있는 지역과도 능률적으로 접촉하고 거래할 수 있었기 때문이었다.

세계사에서 아말피가 크게 융성할 수 있었던 것은 일련의 사건들이 운좋게 맞아떨어진 덕분이기도 했지만 또한 이 작은 도시 국가가 그 기회를 놓치지 않고 활용했기 때문이었다. 그리하여 지중해에 있던 기존의 유서깊은 해양 중심지들이 아니라 이곳 아말피에서 항해술의 혁신과 발전이 이루어지게 되었던 것이다. 바로 그것이 아말피가 베네치아에 앞서 항해술에서 두각을 나타낸 이유였고, 또한 나침반과 해상법이 다른 곳이 아니라 이곳에서 발전된 이유였다.

12세기와 13세기에 해양 강국으로 자리매김하면서 아말피는 막강한 해군을 육성했다. 그러나 바야흐로 성장하기 시작한 아말피의 군사력은 그곳을 지배하는 노르만족이 영토 전역의 반란을 진압하는 데 이용되었고, 아말피의 해군은 이 도시의 아킬레스건이 되어 결국 그곳을 파멸로 이끌었다. 나폴리 만에서 벌어진 일련의 해전에 말려들었기 때문이다. 그 중의 한 싸움은 1296년의 일인데, 이스키아 Ischia 섬에서 노르만족에 대항하는 반란이 일어나 아말피의 배들이 그곳을 공격했다. 그 뒤에도 여러 차례의 해전이 있었지만 아말피 사람들은 지는 쪽에 끼어 있을 때가 많았다. 13세기 말엽 나폴리 만에서 벌어진 해전에서도 아말피의 배들이 참패하여 불타버렸다는 증거가 있다. 아말피는 얼마 안 되는 재원을 교역 활동에 쓰지 못하고 그렇게 노르만족 지배자들의 적과 싸우며 해전을 벌이는 데 소모해버렸다.

아말피는 마침내 피사의 군대에 유린당하여 북아프리카의 중요한 거래처들을 잃었고, 게다가 흑사병까지 창궐했다. 그러다가 1343년 11월 24일 밤, 지진과 폭풍우가 밀려와 아말피와 그 항구를 크게 파손시켰다. 항구는 끝내 재건되지 못했다. 그리하여 오늘날까지도 아말피에서는 제대로 된 항구조차 찾아볼 수 없고, 그래서 항해의 역사에서 많은 부분이 바로 이곳에서 기록되었다는 사실도 좀처럼 믿기 어려운 일이 되어버렸다. 이 재해를 겪은 후 5년이 지난 1348년, 흑사병이 맹위를 떨쳐 유럽의 대부분 지역을 휩쓸고 전체 인구의 3분의 1에 달하는 목숨들을 앗아갈 때 아말피의 인구도 다시 대폭 줄어들었다. 도시는 몰락의 길을 걸었고 해양 강국으로서의 입지마저 잃고 말았다. 그러나 황금기의 아말피는 항해술의 발전에 크게 기여했다.

옛 문헌들은 당시 해양 최강국이었던 아말피를 나침반의 발명과 연관시켜 거론하고 있다. 단도직입적으로 아말피가 자기 나침반의 탄생지였다고 말한 최초의 역사가 중의 하나는 이탈리아의 인문학자 안토니오 베카델리$^{Antonio\ Beccadelli:\ 1394-1471}$였다. 그는 라틴어로 이렇게 썼다. '프리마 데디트 나우티스, 우숨 마그네티스 아말피스$^{Prima\ dedit\ nautis,\ usum\ magnetis\ Amalphis}$.' ('자석을 항해에 처음 사용한 것은 아말피 사람들이었다.') 아말피 사람들은 '바다의 법'을 정해놓은 저 유명한 '타불라 데 아말파'에서도 이 시를 인용했다.

이탈리아의 여러 문헌들이 제시하는 증거에 따르면 아말피의 뱃사람들은 빠르면 13세기 초부터 이미 자침에 대해 알고 있었다. 아말피가 지중해의 지배적인 해양 세력이었던 시기는 12세기부터 베네치아와 제노바가 패권을 잡기 시작한 14세기 중반까지에 해당하는 비교적 짧은 기간이었고, 따라서 지중해에서 자기 나침반을 처음 사용한 것은 아말피의 뱃사람들이었다고 많은 학자들이 믿고 있다.

그리고 1295년에서 1302년 사이에 아말피에서 진정한 혁신이 이루어졌다. 중세와 현대의 여러 자료에 따르면 이때 아말피 사람들이 마침내 자기 나침반을 '완성'시켰다. 단순히 자침을 물에 띄우거나 공중에 매달아두는 방식을 벗어나서 오늘날 우리가 알고 있는 나침반, 즉 풍배도와 360도의 각도를 표시한 지침면을 둥근 상자 속에 넣고 그 위에 자침을 설치한 형태로 발전시킨 것이었다. 이렇게 완성된 나침반이 등장한 시기에 대해서는 중세 이탈리아에서 작성된 해도에서도 그 증거를 찾아볼 수 있다. 1275년의 유명한 해도 '카르타 피사나$^{Carta\ Pisana}$'에는 풍배도와 각도가 그려진 나침반에 대한 지식이 반영되지 않았지만, 베네치아의 지도 제작자 베스콘테^{Vesconte}

와 달로르토^{Dalorto}가 각각 1311년과 1325년에 그린 해도를 살펴보면 그들이 이 새로운 나침반을 알고 있었다는 증거를 확인할 수 있다.

그러나 아말피에서 항해용 나침반이 발명되었다는 가장 결정적인 문헌 자료를 제공한 사람은 이탈리아의 중요한 역사가 플라비오 비온도^{Flavio Biondo: 르네상스 시대의 인문주의 역사가. 1392-1463}였다. 비온도는 1392년에 태어나 이탈리아 북동부 평야 지대의 포를리^{Forli} 시에서 살았다. 1450년 플라비오 비온도는 이탈리아의 주요 지역들을 다룬 신뢰할 만한 역사서 《그림으로 보는 이탈리아^{Italia illustrata}》를 펴냈다. 아라곤과 나폴리의 왕 알폰소 1세의 권유로 집필한 책이었는데, 아말피에 대한 부분에서 그는 이렇게 썼다.

그러나 널리 알려졌듯이 우리는 그 영예를 아말피 사람들에게 돌린다. 자석이 북쪽을 가리키는 성질을 항해에 이용하는 나침반이 바로 아말피에서 발명되었기 때문이다.

그로부터 4세기 반이 지난 후, 이 문헌은 이탈리아의 과학사에서 가장 격렬했던 논쟁에 휘말리게 된다. 그러나 책의 내용 때문이 아니라 저자의 이름에 대한 이견 때문이었다.

 플라비오 조이아의 유령

1901년, 아말피 사람들은 이듬해의 대축제를 계획하느라 분주했다. 아말피에서 나침반이 발명된 시기는 1295년에서 1302년 사이였다고 전해지는데, 그들은 그 중에서 맨 뒤의 연도를 채택하여 1902년을 600주년으로 잡은 것이었다. 시민들은 준비 위원회를 구성하고 다양한 행사를 기획했는데, 그 중에는 한 사람의 동상을 제작하고 기념 명판을 설치하는 일도 포함되어 있었다. 아말피 시민들은 그가 1302년에 저 빛나는 항해 도구를 발명했다고 굳게 믿었으며 아말피에서 그의 이름을 모르는 이는 아무도 없었다. 바로 그가 플라비오 조이아다.

그러나 아말피 시민들이 그 사람에 대해 아는 것이라고는 이름밖에 없었다. 그가 언제 태어났는지, 언제 죽었는지, 어디서 살았는지, 나침반을 발명한 것 말고 또 무슨 일을 했는지, 가족은 있었는지, 그리고 — 지금은 이것이 가장 중요한 문제였는데 — 어떻게 생겼는지

75

도 수수께끼였다. 그러나 이렇게 기본적인 정보가 전혀 없는 상태에서도 축제 기획자들은 전혀 위축되지 않았다. 플라비오 조이아의 얼굴과 키와 체격과 (두건이 달린) 옷은 조각가가 알아서 만들면 되고, 다만 한 손에 커다란 나침반을 들고 진지한 표정으로 들여다보고 있으면 그것으로 충분했다.

그런데 1901년 5월에 이르러 준비 작업이 한창 본궤도에 올랐을 때 뜻밖의 사태가 벌어져 시민들에게 충격을 안겨주었다. 나폴리의 한 신문에 이번 축제의 존재 이유 자체를 의문시하는 편지 한 통이 게재된 것이었다. 《코리에레 디 나폴리Corriere di Napoli》 5월 22일자에 실린 이 편지의 제목은 '나침반 기념 축제에 대하여'였다.

본지 126호에 '나침반 탄생 600주년(1302-1902)'이라는 제목으로 실렸던 기사에 대해 나는 다음과 같은 점을 지적하고 싶다. 이탈리아의 영광이었던 옛 위업을 기리고자 하는 뜻은 확실히 칭찬할 만한 것이다. 그 위업이란, 곧 북쪽을 가리키는 자침의 귀중한 성질에 대한 지식과 사용법을 중국으로부터 지중해에 처음으로 도입한 일을 가리킨다. 그 일은 10세기를 즈음하여 아마도 아말피에서 이루어졌을 터인데……

곧이어 필자는 플라비오 조이아가 과연 실존 인물인지 의심스럽다면서 본인이 1868년부터 1893년까지 여러 학술지에 발표했던 연구 보고서를 인용했다. 편지의 마지막 부분은 다음과 같았다.

비록 연대가 불확실하기는 하되 나침반의 발명을 기념하여 축제를 열고자 하는 여망에 대해 한마디 하자면, 이 축제의 올바른 명칭은 '나침반 발명 900주년 기념 축제'라고 해야 옳을 것이다.

이 말은 중국에서 나침반이 발명되었던 시기를 가리키는 것인데, 필자는 그것이 1302년보다 300년쯤 앞서 일어난 일이라고 믿고 있었다. 필자는 다음과 같았다.

1901년 5월 19일
피렌체 대학, 티모테오 베르텔리 신부, 바르나비스트^{Barnabist: 이탈리아의 성 자카리아St. Zaccaria가 창시한 바르나바 수도회의 일원}

몇 주가 지난 후, 베르텔리 신부님이 다시 일격을 가했다. 이번에는 피렌체의 《루니타 카톨리카^{L'Unita Cattolica}》에 편지를 보낸 것이었다. 이 편지에서 베르텔리는 나침반의 발명에 얽힌 역사를 30년 동안 연구하여 얻은 핵심적인 성과들을 조목조목 나열했다. 그리고 이른바 '플라비오 조이아의 신화'를 깨뜨리기 위한 결정적인 무기를 내보였다. 바로 사라진 쉼표에 대한 이론이었다.

아말피가 나침반의 탄생지였다고 주장한 플라비오 비온도의 중요한 발언이 있은 후 61년이 지났을 때 다시 아말피와 나침반에 대한 새로운 문헌이 등장했다. 바로 비온도의 포를리 시와 동일한 지역에 있는 볼로냐 출신의 문헌학자 잠바티스타 피오^{Giambattista Pio, 1490-1565}의 저서로, 루크레치오 카로^{Lucrezio Caro}의 시에 대한 주석서였다. 1511년 피렌체에서 라틴어로 발행된 이 책에서 피오는 이렇게 썼다.

> Amalphi in Campania veteri magnetis usus inventus a Flavio traditur, cuius adminiculo navigantes ad arcton diriguntur, quod auxilium pristis erat incognitum.

> 나침반은 옛 캄파니아 지방의 아말피에서 플라비오가 발명했다고 하는데, 뱃사람들은 그것으로 북쪽을 찾으니 이는 옛 사람들이 미처 알지 못했던 방법이었다.

이 문장의 둘째 구절은 플라비오 비온도의 말을 그대로 인용한 것이지만 정작 흥미로운 것은 첫째 구절이다.

> Amalphi in Campania veteri magnetis usus inventus a Flavio traditur…

베르텔리 신부는 다음과 같이 주장했다. 'inventus a Flavio'를 하나로 묶고 'traditur'를 따로 떼어놓으면 전체 문장은 피오 이후로 이탈리아의 여러 문헌들이 줄곧 말해온 것처럼 '플라비오'라는 이름이 아말피에서 발명된 나침반과 관련이 있다는 뜻으로 해석된다. 그러나 베르텔리는 사람들이 이 문장을 '구전에 따르면 나침반은 아말피에서 플라비오가 발명했다고 한다'라는 의미로 오독했기 때문에 그런 오해가 생겼다고 지적했다. 한 마디로 실수였다는 것, 다시 말해서 피오의 문장은 원래 '플라비오가 말했듯이 항해에 사용하는 나침반은 아말피 사람들이 발명했다'는 뜻이었다는 것이다. 더 나아가서 이 플라비오라는 사람은 바로 아말피에 대해 처음 언급했던 그 플라비오, 즉 플라비오 비온도라는 것이 베르텔리의 주장이었다. 피오의 그 문장은 어쩌다가 'inventus'라는 낱말 뒤에 쉼표 하나가 누락된 것이고, 정확한 문장은 아래와 같이 써야 한다는 것이었다.

Amalphi in Campania veteri magnetis usus inventus, a Flavio traditur…

그렇게 고쳐놓고 보면 이 문장은 다음과 같은 뜻이 된다.

플라비오는 나침반이 옛 캄파니아 지방의 아말피에서 발명되었다고 하는데……

오랫동안 전해내려온 믿음을 송두리째 뒤엎어버린 베르텔리의 이같은 재해석은 아말피에서 준비 중이던 축제에 앞서 인기 언론 매체에 두루 오르내리며 몇 달 동안이나 큰 소란을 일으켰다. 그리고 곧 이탈리아의 여러 학자들이 일제히 분개하며 베르텔리의 주장을 반박하기 시작했다.

베르텔리를 향한 비난은 그가 피오가 살던 시대의 라틴어 구문을 오해했다는 주장에서부터 플라비오 비온도의 이름과 성을 혼동했다는 주장에 이르기까지 매우 다양했다. 이 비판자들은 이탈리아 인문주의humanism: 14세기 말 이탈리아에서 기원하여 유럽 각국으로 확산된 정신 운동으로, 그리스·로마의 고전 문화에 대한 연구를 통하여 인간의 존엄성 회복과 문화적 교양을 추구했음의 아들인 피오가 'inventus'라는 말의 바로 뒤에 쉼표를 찍는 구문론적 오류를 범했을 리가 없다고 했다. 더군다나 고전 라틴어—즉, 피오가 썼던 라틴어—에서 동사 'traditur'는 'dicitur', 'putatur', 'fertur'처럼 언제나 수동태로, 그리고 주어 없이 사용되었다. 그러므로 이 'traditur'라는 말은 '플라비오가 그렇게 말했다'라는 뜻일 리가 없다는 것이 비판자들의 주장이었다.

《루니타 카톨리카》에 보낸 편지에서 베르텔리는, 플라비오 비온도가 아말피에 대해 처음 언급했던 1450년 당시 그는 이미 유명 인사였고, 피오가 주석서를 집필할 무렵 이탈리아인들은—우리가 단테 알리기에리를 그냥 단테라고 부르듯이—플라비오 비온도의 성이 아니라 이름을 따서 간단히 플라비오라고 불렀다고 말했다. 만약 피오가 '나침반은 아말피의 플라비오 조이아가 발명했다'라고 말할 생각이었다면 그렇게 플라비오라고 이름만 불렀을 리가 없다는 것이었다. 피오가 그 책을 쓸 당시는 물론이고 그 이전에도 '플라비오 조이아'에 대해 언급한 문헌은 전혀 없었기 때문이다. 그러므로 플라비오 조이아는 당시 사람들이 간단히 이름만 부를 정도로 유명했을 리가 없다는 것이 베르텔리의 지적이었다.

이렇게 갑론을박이 계속되는 와중에도 결코 부인할 수 없는 몇 가지 사실들이 있었다. 그 중의 하나는 피오의 그 진술이 플라비오 비온도의 말을 그대로 인용한 것이 분명하다는 사실이었다. 그러므로 피오는 마땅히 그 말이 플라비오의 것임을 밝혔어야 옳았다. 베르텔리는 피오가 'traditur'라는 동사를 쓴 것이 바로 그런 뜻이었다고 주장했다. 또 하나의 중요한 사실은 플라비오 조이아에 대해 언급한 문헌들이 모두 피오의 책보다 훨씬 더 나중에 나왔다는 점이었다. 피오 이후의 역사가들은 피오의 책에서 이 정보를 얻은 것으로 보이고, 따라서 그들은 궁극적으로 플라비오 비온도에게 빚을 진 셈이었다.

아말피와 나침반에 대해 언급한 문헌들은 계속 이어졌는데, 그 모두가 피오의 말에 대한 오해—정말 오해였는지는 모를 일이지만—를 되풀이했다. 즉, 플라비오를 가리켜 '나침반의 발명에 대한 정보를 전달한 사람'이라고 말하지 않고 '나침반을 발명한 사람'이라고 했던 것이다. 그리하여 수세기에 걸쳐 그 이야기가 계속 전해졌다. 플라비오라는 이름에 처음으로 조이아라는 성을 덧붙인 사람은 나폴리의 역사학자 시피오네 마첼라$^{Scipione\ Mazzella}$였다. 1570년 그는 나폴리 지방에 대한 책을 썼는데, 아말피를 다룬 부분에 이런 말이 있다.

1300년은 아말피 사람들에게 영광을 안겨주었다. 플라비오 조이아가 발명한 자기 나침반은 항해용 해도와 더불어 키잡이와 항해사들에게 꼭 필요한 도구가 되었다. 그러나 옛사람들은 이 발명품을 알지 못했다.

베르텔리는 플라비오 조이아라는 이름이 그렇게 뒤늦게 — 즉, 아말피에서 나침반이 발명되었다는 해로부터 거의 3세기가 지난 후 — 역사에 등장했다는 사실로 미루어 그 이름이 미심쩍을 수밖에 없다고 말했다. 그는 이것도 시간의 흐름에 따라 정보가 왜곡되는 현상의 한 증거라고 주장했다. 플라비오 비온도는 나침반이 아말피에서 발명되었다고 말했고, 잠바티스타 피오는 비온도의 말을 인용했지만 쉼표 하나를 빠뜨렸고, 다른 사람들은 피오의 말을 오독했고, 그리하여 이 착오가 그대로 굳어지고 말았다. 그리고 마지막으로 마첼라가 조이아라는 성을 덧붙였다.

그러나 베르텔리의 반론자들은 정반대의 주장을 내세웠다. 플라비오 조이아라는 이름이 그렇게 일찍 — 즉, 현재(1901년)로부터 3세기 이상 이전에 — 등장한 것으로 미루어 플라비오 조이아는 실존 인물이 분명하다는 것이었다. 술잔이 반쯤 비었다고 해야 옳을까, 반쯤 찼다고 해야 옳을까? 아무튼 베르텔리에게는 사라진 쉼표에 대한 이론이 있었고, 그 이론은 제법 그럴싸해 보였다. 그러나 수세기에 걸쳐 플라비오 조이아에 대해 언급한 수많은 문헌들은 한결같이 그의 반론자들을 뒷받침하고 있었다. 그런데 과연 그 문헌들이 그들에게 유리한 증거였을까?

　플라비오라는 이름의 기원은 고전 시대의 로마였다. 이 이름은 중세 후기부터 현대까지 작성된 아말피의 기록에 전혀 나타나지 않는다. 1994년 주세페 가르가노$^{Giuseppe\ Gargano}$는 출판물과 비출판물을 막론하고 아말피 일대에서 사용된 이름에 대한 그 어떤 자료에서도 플라비오라는 이름은 찾아볼 수 없다고 보고했다. 15세기 초부터 16세기 말 사이에 아말피 근방에서는 고전 시대로부터 기원한 몇 개의 이름이 널리 사용되었다. 줄리오 체사레$^{Giulio\ Cesare}$(율리우스 카이사르$^{Julius\ Caesar}$), 오타비오^{Ottavio}(옥타비아누스^{Octavianus}), 마르코 안토니오$^{Marco\ Antonio}$(마르쿠스 안토니우스$^{Marcus\ Antonius}$), 안니발레^{Annibale}(한니발^{Hannibal}) 등이었다. 그러나 플라비오^{Flavio}(플라비우스^{Flavius})는 한 번도 사용되지 않았다.

　우리는 로마 시대에서 비롯된 이 플라비오라는 이름이 수세기 동안 사용되지 않다가 이탈리아의 인문주의 시대$^{14-16세기}$에 부활하여 다시 인기를 끌었다는 사실을 알고 있다. 1450년을 전후하여 살았던 플라비오 비온도의 경우도 그 중의 하나였다. 이같은 사실에 비춰볼 때, 그보다 1세기 반이나 앞선 13세기에 태어난 아말피 주민이 그 이름으로 불렸을 가능성은 별로 없다.

　일부 자료들은 아말피에서 나침반을 발명한 사람의 이름을 '플라비오 조이아$^{Flavio\ Gioia}$'가 아니라 '플라비오 고이아$^{Flavio\ Goia}$'로 표기하고 있다. 또 어떤 자료들은 '조반니 고이아$^{Giovanni\ Goia}$'라고 한다. '플라비오 고야$^{Flavio\ Goya}$' 또는 '조반니 고야$^{Giovanni\ Goya}$'라고 적어놓은 문헌도 있다. 심지어 어떤 문헌들은 그의 성을 '지라^{Gira}', '지시아^{Gisia}', '지리^{Giri}' 등으로 표기하기도 했다. 거기에 프란체스코^{Francesco}라는 또 하나의 이름이 가세했다. 그리하여 아말피 나침반을 발명한 사람에 대하여 여러 가지 이름과 성, 그리고 그것들을 조합한 각양각색의 성명이 난무하게 되었다. 마침내 아말피의 나침반 발명자는 하나가 아니라 둘, 그것도 형제간이었다고 주장하는 사람까지 나타났다. 그 중의 한 명이 플라비오 조이아, 또 한 명이 조반니 조이아라는 것이었다.

1891년, 진짜 나침반 발명자의 신원을 밝혀내기 위해 그 수많은 이름들을 연구하고 있던 베르텔리 신부는 전보다 더욱더 깊은 의심을 품게 되었다. 그는 당시 나폴리의 기록 보관소장이었던 바르톨로메오 콤파소^{Bartolomeo Compasso}—이탈리아어로 나침반^{compass}은 부솔라^{bussola}이므로 나침반과는 무관한 이름이다.—중령에게 편지를 보냈다. 베르텔리가 콤파소 중령에게 부탁한 것은 1268년부터 1320년 사이에 작성된 서류들을 모조리 검토하여 플라비오 또는 조반니 또는 프란체스코라는 이름과 조이아 또는 고이아 또는 지리라는 성을 가진 사람이 있었는지 찾아달라는 것이었다.

콤파소 중령은 문제의 그 기간에 포함되는 앙주의 카를로 1세 치세¹²⁶⁶⁻⁸⁵에서는 카스텔 카푸아노^{Castel Capuano} 읍의 신부 후보로 거명되었던 로베르토 데 고야^{Roberto de Goya}, 그리고 1270년 당시 아말피 해안의 또 다른 소읍에 살고 있던 베르나르도 지리^{Bernardo Giri}라는 병사, 그렇게 두 명밖에 못 찾았다고 답변했다. 그리고 앙주의 카를로

2세카를로 1세의 아들이며 나폴리와 시칠리아의 왕. 1248-1309 치세와 앙주의 로베르토
카를로 2세의 아들 로베르토 1세의 별칭 치세를 아우르는 1320년까지의 공무 기록
도 샅샅이 뒤져보았지만 아무것도 찾지 못했다고 했다.

중령은 이렇게 덧붙였다.

"귀하께서 관심을 가질 만한 기록은 딱 하나뿐인데, 바로 로베르
토 1세의 공무 기록부 579면입니다. 거기에 프란치스쿠스 데 이오
하Franciscus de Ioha라는 이름이 기재되어 있습니다. 그곳에 1316년도 기
록부의 203면이 언급되었지만 그 기록은 현재 남아 있지 않습니다."

혹시 그 없어진 기록 속에 수수께끼의 열쇠가 들어 있었을까?

이처럼 수많은 이름들로 혼란스럽기는 이탈리아 바깥의 자료들도
마찬가지였다. 1625년 콜체스터Colchester: 영국 잉글랜드 에식스 주의 소도시의 길
버트Gilbert라는 사람이 런던에서 《자석De Magnete》이라는 책을 출간했
는데, 이 책에는 아말피에 살았던 존 조이아Juhn Giuia 또는 고이아Gioia
또는 고에Goe라는 사람이 나침반을 발명했다고 적혀 있다. 그밖의
몇몇 자료에도 다양하게 변형된 이름들이 등장한다.

플라비오 조이아는 과연 실존 인물이었을까? 사라진 쉼표에 대한
베르텔리의 주장도 꽤 설득력이 있다. 나침반의 발명에 대하여 이탈
리아의 역사가들이 수세기에 걸쳐 선배들의 말을 표절해왔다는 사
실을 감안할 때, 사라진 쉼표 때문이든 문장을 오독한 탓이든 간에
어떤 오해가 대대로 이어졌을 가능성도 쉽게 상상할 수 있기 때문이
다. 어느 한 명의 역사가가 어떤 정보를 잘못 해석해버리면 그 실수

가 몇 세기 동안 줄줄이 되풀이되며 점점 더 확대되는 것이다. 피오의 라틴어 문장은 두 가지로 해석할 수 있다. 원래 구전되었던 이야기는 과연 플라비오가 아말피의 나침반을 발명했다는 것이었을까, 아니면 나침반이 아말피에서 발명되었다는 말을 플라비오가 전했다는 것이었을까?

물론 이름에 얽힌 문제도 소홀히 할 수 없다. 16세기 말엽에 이르러서야 비로소 플라비오 조이아라는 이름이 처음 등장하더니 갑자기 수많은 이름들이 쏟아져 나오기 시작했다. 설마 그 이름들이 모두 진짜일 리는 없지 않은가? 사람이나 사물에 이름을 붙이는 것은 인간의 본성이다. 아말피 사람들도 그곳에서 완성된 형태의 자기 나침반이 발명되었다는 영예를 주장하는 것만으로는 결코 만족할 수 없었을 것이다. 그들에게는 발명자의 이름이 꼭 필요했다. 실존 인물이든 아니든 간에.

최근에 와서 나침반이 일정한 기간에 걸쳐 완성되었을지도 모른다는 의견이 제시되었다. 처음에는 물에 띄우는 원반형 나침반, 다음은 풍배도가 가미된 카드형 나침반, 그리고 마침내 각도가 표시된 나침반이 등장했을 것이다. 그리고 그 뒤에도 상당 기간에 걸쳐 나침반의 전체적 디자인이 조금씩 개선되었을 것이다. 정말 그렇다면 나침반의 발명자는 한 사람이 아니었을 수도 있다. 그리고 나침반이 어느 한 시기에 단 한 사람에 의해 발명되었다고 가정할 때, 그 사람의 이름이 그냥 묻혀버렸을 가능성도 배제할 수 없다. 그래서 여러 세기가 지난 후 사람들은 아말피 나침반을 발명한 사람의 이름을 지

아말피 중심가에 있는 플라비오 조이아의 동상
데브라 그로스 악셀Debra Cross Aczel

어냈고, 그 뒤에 그 이름이 잊혀지거나 와전된 탓으로 또 다른 이름들을 지어내게 되었는지도 모른다. 그래서 그토록 많은 이름들이 등장했는지도 모른다. 플라비오, 조반니, 프란체스코, 조이아, 고이아, 지시Gisi, 이오하……

그러나 아말피 나침반의 발명자에게 어떤 이름을 붙여주든 문제될 일은 별로 없다. 중요한 것은 아말피에 살던 어떤 사람이 (혹은 사람들이) 항해에 사용하는 상자형 나침반을 발명했다는 사실이다. 우리는 그 사람에게 아무 이름이나 마음대로 지어줄 수 있다. 적어도 아말피 사람들은 그에게 아무 이름이나 마음대로 지어줄 수 있다. 더구나 플라비오 조이아는 나무랄 데 없이 훌륭한 이름이다. 플라비오Flavio는 나침반의 발명자를 이탈리아가 가진 로마 시대의 전통에 연결시킨 희귀한 고전적 이름이고, 조이아Gioia는 이탈리아어로 '기쁨joy'이라는 뜻이기 때문이다.

그러나 베르텔리가 알고 있었듯이, 그리고 다른 사람들을 납득시키려고 열심히 싸웠듯이, 최초의 나침반이 발명된 곳은 아말피가 아니었다. 아말피의 발명자 혹은 발명자들은 풍배도와 360도의 각도를 표시한 지침면에 자침을 설치하고 그것을 상자―부솔라―속에 넣음으로써 기존의 오래된 아이디어를 완성시켰을 뿐이었다. 최초의 나침반, 즉 남북을 가리키는 단순한 자침 형태의 나침반이 발명된 것은 그로부터 몇백 년 전, 바로 중국에서였다.

철제 물고기와 자철석 거북이
Iron fish, Lodestone Turtle

베르텔리는 중국의 과학에 대하여 이탈리아의 일반 시민들이 쉽게 접할 수 없는 자료들을 가지고 있었다. 그것은 17세기에 중국을 다녀온 선교사들의 보고서였다. 베르텔리 말고도 중국의 과학에 대한 정보를 가진 서양 역사가들이 몇 명 더 있었지만 정치적 이유 때문에 나침반의 발명을 중국인들의 공으로 돌리기를 꺼렸다. 역사학자 조지프 니덤^{Joseph Needham: 영국 생화학자, 과학사학자. 대표작 《중국의 과학과 문명Science and Civilization in China》. 1900-1995}은 중국인들에 대한 서양의 편견을 이렇게 개탄했다. "정말 중요한 것들은 모두 유럽에서 시작되었다고 믿어버리는 것이 일반적인 경향이다." 니덤이 인용한 1800년대 영국의 한 자료는 고대 중국인들이 나침반에 대해 자세히 설명한 것은 '전설'이었고, 12세기 유럽인들이 나침반에 대해 언급한 것은 '과학'이었다고 주장하기까지 했다.

그러나 중국인들은 아주 먼 옛날부터 자철석의 신비로운 성질을 잘 알고 있었다. 금속을 끌어당기는 자철석의 기능에 대해서는 지중해 연안에서도 알고 있었지만 중국인들은 방향을 찾는 기능에 대해서도 이해하고 있었던 것이다.

기원전 806년경에 기록되었다고 알려진 옛 이야기에 진시황의 궁궐이 묘사되어 있는데, 이 황궁은 세계 최초의 금속 탐지기를 갖추고 있었다. 황궁의 대문 전체를 자철석으로 만들었기 때문에 쇠붙이로 만든 무기를 감추고 들어가려는 자는 궁문의 강력한 자력 때문에 즉시 발각되어 붙잡히고 마는 것이었다.

중국의 철기 시대는 기원전 800년경에 시작되었다. 종전까지 뼈로 만들던 바늘이 이 시기에 철제로 교체되었고, 중국인들은 자철석이 철제 바늘을 끌어당긴다는 사실을 처음 알게 되었다. 중국의 저술가들은 중국인들이 자기磁氣 현상을 이해하게 됨으로써 기원후 1세기경이나 그 이전에 이미 자기 나침반을 발명했을 것이라고 주장해왔다.

중국의 고대 문헌에는 남쪽을 향해 회전하는 신비로운 성질을 가진 국자 또는 숟가락에 대한 내용이 많이 등장한다. 북두칠성을 닮은 모양으로 설계된 이 지남시指南匙는 자철석으로 만들어 실제로 남쪽을 가리키는 (그리고 반대쪽은 북쪽을 가리키는) 나침반의 기능을 했다. 중국 신新나라$^{A.D.\ 9-23}$의 유일한 황제였던 왕망王莽에 얽힌 이야기가 있다. 왕망의 황궁은 기원후 23년 한漢의 세력에 함락되었는데, 왕망은 이 공격에서 목숨을 잃었고 곧이어 후한後漢의 새 황제가 등극했다. 아래는 그때의 공격에 대한 내용이다.

이때 불길은 황녀가 머무는 별궁에 이르렀다. 왕망은 다른 방으로 피하였으나 불길은 금방 따라왔다. 궁녀들과 그밖의 여인들이 울부짖었다.

"이제 어찌하오리까?"

왕망은 진자줏빛 황포에 황제의 문장을 새긴 은대^{銀帶}를 두르고 한 손에는 숟가락 모양의 손잡이가 달린 순제^{舜帝}의 단검을 쥐고 있었다. 한 역관이 왕망의 앞에 점판을 내려놓고 그날의 일과 시에 맞추었다. 황제는 국자의 손잡이가 가리키는 방향에 따라 의자를 돌려놓고 앉아 이렇게 말했다.

"하늘이 나에게 덕을 베푸셨거늘 어찌 한의 군사가 이를 빼앗을 수 있겠느냐?"

니덤에 따르면 아주 먼 옛날부터 중국의 군주들은 모두 남쪽을 황제의 방위로 생각하여 항상 그쪽을 향하는 관례를 지켰다. 위에서 본 인용문은 아마도 왕망이 공격에 직면한 절망적인 상황에서도 황제답게 당당히 처신하기 위해 남쪽을 향해 앉았다는 의미일 것이다. 일부 학자들은 왕망이 북두칠성을 보고 남쪽을 찾았을 것이라고 말하지만 원문은 점판과 국자를 구체적으로 언급하고 있다. 국자가 남쪽을 가리켰다면 자철석이나 자화^{磁化}된 철로 만들어진 것이 분명하다. 그것은 중국의 여러 고문헌에 서술된 다른 내용과도 일치한다. 위의 이야기는 왕망이 의식^{儀式}에 사용했던 '권위의 국자'에 대해서도 언급하고 있다. 아무래도 이 이야기는 자기 나침반을 묘사한 최초의 문헌 중 하나임에 틀림없다.

기원후 83년에 왕충^{王充}이 지었다는 《논형^{論衡}》전국 시대 제자^{諸子}의 설을 합리적이고 실증적으로 비판한 한나라 때의 사상서에도 나침반을 연상시키는 문장이 있다.

"사남$^{司南: 중국의 나침반}$의 국자^{杓}를 땅에 던지면 남쪽을 가리킨다."

후세의 어느 저술가가 이 글을 해설한 내용에 따르면 그 국자는 옥장^{玉匠}들이 자철석을 깎아 북두칠성을 본뜬 모양으로 만들었다고 한다. 이렇게 만든 숟가락 또는 국자를 점판의 접시 위에 올려놓고 회전하게 하는 것이다. 그 접시의 가장자리에는 중국인들이 하늘을 구분하는 데 사용했던 별자리 28수^{宿}의 이름이 표시되어 있었다. 한나라 시대의 무덤에서는 가장자리에 북두칠성과 별자리를 표시한 점판의 파편들이 많이 출토된다. 이 오래된 유물들로 미루어 접시의 중심부에는 자석 장치, 즉 자철석으로 만든 지남시가 있었을 가능성이 높다.

중국에서 자기 나침반이 발명되었다는 가장 설득력 있는 증거는 컬럼비아 대학의 리슈화^{李書華} 교수가 1950년대에 발견했다. 리 교수가 찾아낸 것은 1040년의 것으로 확실히 알려져 있던 《무경총요^{武經總要}》$^{송나라 때 증공량曾公亮 등이 인종의 명에 따라 쓴 병서}$라는 고서였다.(본문은 1040년에 완성되었지만 서문은 4년 뒤인 1044년에 지어졌다.) 원형대로 보존된 이 중국어 진본은 매우 특이한 장치를 자세히 설명하고 있다. 바로 물 위에 띄우는 철제 물고기다. 이 책의 저자 증공량은 철제 물고기 나침반의 제작법과 사용법을 과학적으로 실증할 수 있을 만큼 완벽하게 설명해놓았다.

우선 쇳물을 물고기 모양으로 얇게 주조한다. 그리고 쇳물이 아직

녹아 있는 상태에서 꼬리가 북극을 향하게 해놓고 식혀 물고기를 자화시킨다. 이 물고기를 상자에 담긴 물에 띄운다. 이때 상자 속에는 바람이 닿지 않도록 한다. 그래서 물고기가 자유롭게 떠다니게 하면 물고기의 머리가 남쪽을 가리키게 된다. 마지막 지시 사항은 이 장치의 제작법과 사용법을 철저히 비밀로 해야 한다는 것이었다.

쇠를 녹였다가 지구 자기장의 방향에 맞춰놓고 굳히면 금속이 자성을 띠게 되는데, 이 과정을 열잔류 자화라고 한다. 중국인들은 남쪽을 중요한 방위로 생각했으므로 자연히 물고기의 머리가 남쪽을 가리키도록 했다. 94쪽의 첫 번째 삽화는 《무경총요》에 실린 지남어^{指南魚} 그림을 새로 그린 것이다.

리슈화의 그림을 모사한 두 번째 삽화는 또 다른 형태의 나침반이다. 머리 부분이 남쪽을 가리키고 있는 이 물고기 나침반은 중국의 여러 문헌에 언급되어 있으며 기원후 1세기에 발명된 것으로 믿어진다. 이 장치는 물에 띄우는 것이 아니라 공중에 매달아놓고 사용한다.

《무경총요》는 쇳물을 지구의 자기장 방향에 맞춰놓고 식혀 철제 물고기를 자화하는 복잡한 방법을 자세히 설명하고 있다. 한편, 바늘을 자화하는 광둥식 제작법은 금속에 진사^{辰砂 : 황화수은으로 구성된 광물로, 수은의 원료이며 붉은색 안료 및 약재로도 사용}와 수탉의 피를 첨가하고 숯불로 7일 밤낮 동안 매우 높은 온도로 가열하는 것이다. 이런 의식이 개발된 이유는 자석이 가진 신비로운 성질 때문이었을 것이다. 그러나 중국인들은 자철석을 이용하여 철제 바늘을 자화시키는 방법이나 자철석

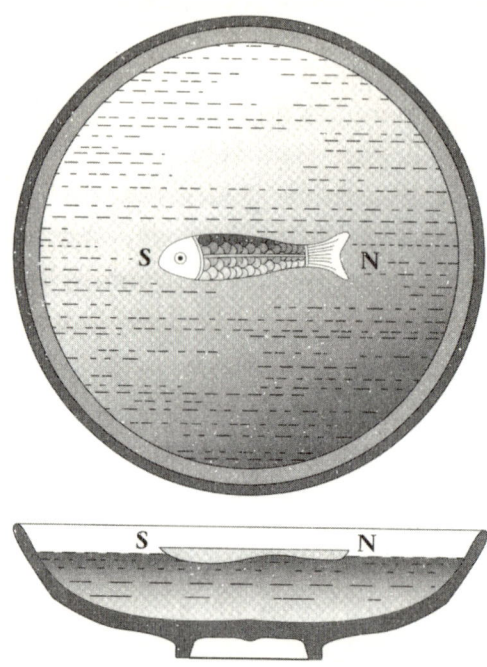
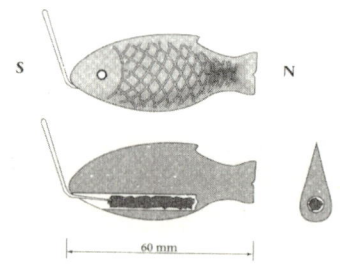

중국의 물고기 나침반(지남어)

자체를 다듬어 자성체로 사용하는 방법도 알고 있었다.

중국인들은 평평한 받침판 위에 중심부를 고정시켜 걸어두는 자철석 국자나 공중에 매달아놓는 거북이 따위의 멋들어진 나침반에 대해 서술했다. 1100년에서 1250년 사이에 편찬되어 1325년에 간행된 《사림광기事林廣記》는 나무로 만든 거북이 속에 자철석을 넣고 남

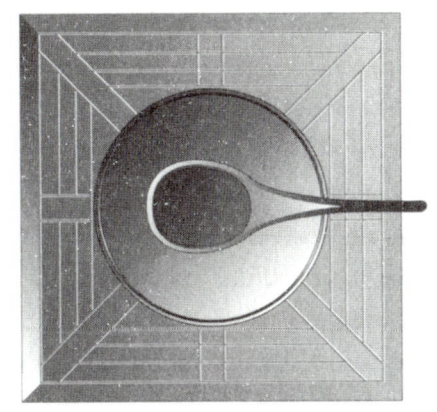

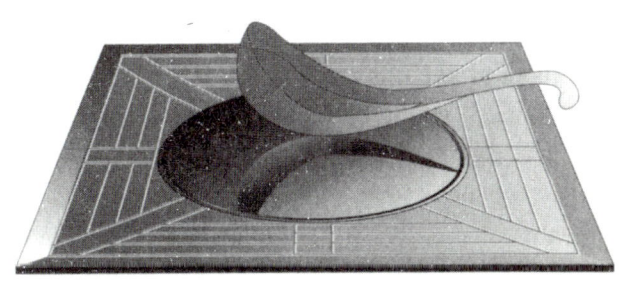

중국의 국자 나침반(지남시)

쪽을 가리키는 바늘—거북이의 꼬리—을 장착한 무수 선회축형 나침반을 묘사하고 있다. 아래 그림은 바로 이 재미있는 장치를 보여주고 있는데, 어쩌면 좀더 앞선 시대에 만들어진 물건인지도 모른다.

1088년경의 어느 책에 수록된 자기 나침반에 대한 설명을 보면 중국인들이 나침반의 기능을 얼마나 깊이 이해하고 있었는지를 잘 알 수 있다. 그 책은 바로 심괄^{沈括}: 송나라 때의 천문학자, 수학자, 고위 관료. 1031-1095 의 《몽계필담^{夢溪筆談}》 천문, 수학, 동식물, 물리, 약학, 문학, 미술, 음악 등 다양한 분야에 걸쳐 독

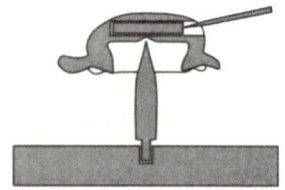

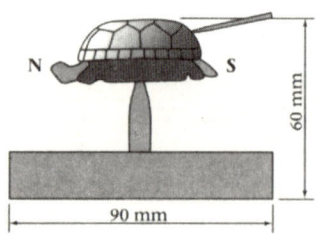
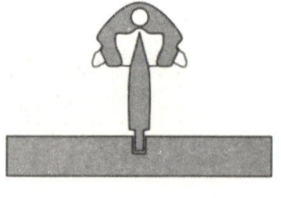

중국의 거북이 나침반(지남구指南龜). 왕첸토의 그림을 새로 그렸다.

창적인 연구 논문과 수필을 수록한 책. 26권인데, 이 책의 집필 시기는 유럽에서 나침반이 처음 언급된 때보다 1세기 이상 빨랐다. 그 중의 한 대목을 보자.

술사(術師)들이 바늘 끝을 자철석에 문지르면 그 바늘은 남쪽을 가리킬 수 있게 된다. 그러나 바늘은 정확히 남쪽을 가리키지 않고 항시 동쪽으로 조금 기울어진다. 그것을 수면에 띄울 수도 있으나 그리하면 안정성이 다소 떨어진다. 손톱 끝이나 잔의 가장자리에 올려놓을 수도 있으며…… 그러나 가장 좋은 방법은 바늘 중앙에 갓 뽑은 명주실 한 가닥을 밀랍으로 붙이는 것이다. 그리하여 바람 없는 곳에 걸어두면 항시 남쪽을 가리킨다.

자기 나침반이 지구의 지리학적 북극과 남극을 가리키지 못하고 편차를 보인다는 사실을 중국인들이 어떻게 그토록 일찍부터 알게 되었는지는 아직도 수수께끼다.

중국인들이 자철석으로 숟가락이나 국자 형태의 무수(無水) 자기 나침반을 만든 것은 적어도 기원후 1세기의 첫 10년이나 20년, 혹은 그 이전이었을 가능성이 높다. 어쨌든 1040년경에는 이미 물을 이용한 물고기 모양의 자기 나침반을 사용한 것이 확실하다. 그들은 다른 모양의 자기 나침반도 많이 가지고 있었다. 그러나 중국인들이 나침반을 항해에 사용한 것은 좀더 나중의 일이었다.

중국에서 자기 나침반을 항해에 사용했다는 사실이 처음 언급된 것은 1111년에서 1117년 사이에 집필된 《평주가담萍洲可談》송나라 때 주욱朱彧이 관제, 법률, 민속 등을 광범하게 수록한 책이라는 책에서였다. 1086년 이후의 일들을 기록한 이 책은 범선과 항구, 그리고 해상에서의 풍습 따위에 대한 정보를 담고 있다. 그 중에 이런 대목이 있다.

키잡이들은 연안의 지형을 잘 알고 있다. 밤에는 별을 보며, 낮에는 해를 보며 방향을 잡는다. 그리고 날이 흐릴 때는 지남침指南針을 본다.

지금도 대체로 그렇지만 당시 중국은 농경 사회였다. 해상 교역이 아니라 토지와 경작이 중국 경제의 기반이었던 것이다. 선박 운행은 운하와 강을 중심으로 이루어졌는데, 이같은 수로에서는 나침반이 반드시 필요하지 않았다. 중국인들은 토지를 기반으로 한 문화를 가지고 있었으므로 나침반이 개발된 초기에는 그것을 해상 교통에 이용하는 데 별로 관심이 없었다. 그보다는 자침이나 국자의 신비로운 효능 쪽에 더 많은 관심을 보였다. 나중에 서양에서는 자기 나침반이 항해술의 발전에 결정적인 역할을 했지만, 중국인들은 이 놀라운 장치를 발명해놓고도 항해보다는 풍수학에 먼저 이용했다.

중국인들은 일찍부터 풍수학, 즉 '바람과 물의 학문'을 연구했다. 풍수 철학에 따르면 바람은 땅의 혈맥을 따라 흐르는 대지의 혼이며, 물은 땅과 그 위의 모든 생물을 새롭게 하는 정화력을 가졌다. 풍수학은 만물의 영성靈性을 다루는 학문이다. 풍수학의 관습은 중국의 전통 문화에서 중요한 역할을 했다.

중국의 역사에서 일찍부터 발달했던 도교 철학도 지세^{地勢}에 대해 자세히 연구할 것을 요구했다. 중국인들은 산과 들의 형태, 강과 개울의 방향, 숲이나 풀밭의 존재 여부 등 모든 것을 유심히 관찰했다. 도시의 성벽이나 탑, 주택 등 인간의 건축물들은 모두 치밀한 계획 하에 세워졌다. 건축물이 해로운 영향을 받지 않도록 하고 인간이 얻는 혜택을 극대화하기 위해서였다. 중국인들은 음과 양―우주에 존재하는 두 가지 상반된 기운―의 관계, 그리고 그것이 지형과 사람들에게 미치는 영향을 중요시했다. 역사적으로 중국의 회화는 풍경을 보고 묘사하거나 소재를 배치하는 방식에서 언제나 풍수학의 원리를 따랐다. 농가를 짓거나 도시의 거리를 건설할 때도 풍수학의 원리를 준수하여 위치를 잡았다. 중국 예술의 아름다움은 이같은 원리에 많은 빚을 지고 있다.

만리장성을 세운 몽염$^{蒙恬:\ 진秦나라의\ 장군.\ ?-B.C.\ 209}$은 만리장성을 짓기 위해 수많은 지맥을 끊을 수밖에 없었다고 말했다. 그런 공사를 할 때는 어떤 결정을 내릴 때마다 점쟁이들의 의견을 구하곤 했다. 지맥을 끊어버리면 사람들에게도 중대한 영향이 미치기 때문이었다.

풍수학을 익힌 사람들은 자기 나침반을 점치는 도구로 사용했다. 그들의 접근 방식은 물활론^{物活論}적인 것이었다. 물 위에 떠 있는 물고기 모양의 나침반이 그들에게 이런저런 결정을 내리라고 말해주었고, 거북이 모양의 나침반은 한 곳에 안정될 때까지 고개를 끄덕거리며 이로운 방향을 가리켜주었다. 점쟁이들은 어떤 힘이 멀리서부터 나침반에 작용하고 나침반이 그 힘에 반응하는 것을 보았고,

그것은 곧 그곳의 땅과 물과 공기의 성질은 물론이고 지표면 아래에 무엇이 있는지도 함께 알려주는 일종의 마술적 계시라고 생각했다. 그렇게 어떤 결정을 내려야 할지 말해주는 계시를 얻어내기 위해 중국인들은 동물의 형태로 만들어진 자기 나침반의 신호를 주시했던 것이다.

풍수학과 나침반에 대한 지식은 중국 문화를 이해하는 데 크나큰 도움이 되었을 텐데, 안타깝게도 대부분의 지식이 영영 잊혀지고 말았다. 그것은 중국에 대한 외국의 간섭, 특히 교회 때문이었다. 17세기 초에 중국을 장악한 예수회는 풍수학을 비롯한 여러 분야의 책들을 읽지 못하도록 조치했고, 예수회 선교사들은 그런 분야의 책들을 불태우기까지 했다. 서양의 무지와 중국의 학문 사이의 갈등 속에서 지극히 소중한 중국책들이 희생되고 만 것이다.

1602년에 기독교로 개종한 이응시李應試는 출중한 학자였는데, 당시 그는 점복卜과 풍수에 대한 책들이 다수 포함된 막대한 양의 장서를 소유하고 있었다. 그의 장서 중에는 거금을 들여 사들인 중요한 고문서도 수두룩했다. 그 책들은 틀림없이 중국의 문명과 문화에 대한 많은 정보를 담고 있었을 것이며, 특히 나침반의 발명에 대해, 그리고 점복에서의 쓰임새에 대해 상세한 내용이 적혀 있었을 가능성도 높다. 이응시의 책들을 모두 불태우는 데는 꼬박 사흘이 걸렸다. 예수회는 그 책들을 인쇄하는 데 사용되었던 목판까지 태워버렸다. 다시는 찍어내지 못하도록 하기 위해서였다. 그리하여 유럽인들의 '경건한 무지'holy ignorance'라는 관념 때문에 중국이 세계에 내놓은 가장 위대한 발명품의 기원에 대한 지식은 영원히 어둠 속에 묻혀버리고 말았다.

당시의 분서焚書 소동에서 살아남은 책들을 통해 우리는 중국의 점판에 사용된 자기 나침반의 24방위가 아주 오래 전부터 사용되었으며 신비로운 기원을 가졌다는 사실을 알게 되었다. 이 방위 체계는 적어도 기원전 120년경 이전부터 사용되기 시작했다. 그것은 큰곰자리의 꼬리, 즉 북두칠성의 손잡이 부분과 관련이 깊다. 시간이 흐르고 계절이 바뀜에 따라 큰곰자리의 꼬리는 천구天球의 북극을 중심으로 회전하면서 일몰에서 새벽까지 밤하늘에 원호圓弧를 그려간다. 중국의 점판은 지반地盤이라고 부르는데, 그 표면은 적도 부근의 별자리인 28수와 큰곰자리의 꼬리가 통과하는 24방위로 구획되어 있었다. 나침반 바늘이 가리키는 자북극의 방향에는 매우 오래 전부터 전해진 듯한 표시가 있었다.

우리가 가진 증거들로 미루어 중국인들은 나침반을 항해에 사용하기보다 우선 점을 칠 때 사용한 것으로 보이지만 사실과 다를 수도 있다. 우리가 가지고 있는 문헌 중에서 나침반을 항해에 사용하기 시작했다는 최초의 기록에 비해 실제로는 훨씬 더 일찍부터 그런 용도로 사용되었을 가능성도 있기 때문이다. 우리는 중국인들이 나침반을 발명해놓고도 그 사실을 비밀에 부치려 했음을 알고 있다. 그들의 배에는 여러 부류의 승객들이 승선했는데, 그 중에는 중국인들이 미심쩍게 생각하는 외국인이나 도교의 도사들도 있었으므로 중국인들은 11세기 말엽까지 자기들이 배 위에서 나침반을 사용한다는 사실을 한사코 감췄는지도 모른다.

어쨌든 《무경총요》를 통하여 우리는 중국인들이 적어도 기원후 1040년 이전에 자기 나침반을 발명했다는 확고한 결론을 내릴 수 있다. 이 연도는 유럽에서 자기 나침반을 사용했다고 기록한 최초의 문헌에 비해 무려 150년 가까이 앞선 것이다. 나침반을 처음 발명한 것은 분명히 중국인들이었다.

베네치아
Venice

중국에서 시작되어 아말피에서 완성을 보았던 자기 나침반이라는 위대한 발명품은 또 다른 나라의 뱃사람들에 의해 처음으로 항해 중에 결정적인 역할을 담당하게 되었고, 그 나라는 머지않아 역사상 가장 위대한 해양 강국으로 발전했다.

북아드리아 해의 한 석호潟湖를 둘러싸고 수많은 섬들이 생겨났는데, 늪지대가 많은 이들 섬에 몇 개의 작은 마을이 자리를 잡으면서 베네치아의 역사가 시작되었다. 초기의 베네치아인들은 작은 배를 타고 어업과 운수업에 종사하는 뱃사람들이었다. 이 배들은 오늘날 관광객들을 태우고 운하 곳곳을 누비는 그 흔해빠진 곤돌라보다 작으면 작았지 결코 크지 않았다. 그런 배들이 석호를 건너 섬들 사이를 오갔고, 더러는 상류로 올라가 본토에 있는 인근 도시에 소금이나 생선 따위의 물자를 공급했다.

로마 시대에는 아드리아 해 북쪽 끝의 얕은 바다에 떠 있는 수많은 작은 섬과 늪지대를 가리켜 '베네티아^{Venetia}'라고 불렀다. 이 지역에 사는 사람들은 고기잡이를 하거나 물이 말라가는 함수호^{鹹水湖}에서 소금을 생산하며 생계를 꾸려갔다. 고대에는 이 지역에 서로 연결된 일곱 개의 석호가 있어 로마의 역사가 플리니우스가 '일곱 바다'라고 부르기도 했다. '일곱 바다를 누빈다$^{to\ sail\ the\ seven\ seas}$' 오늘날에는 7대양, 즉 남·북태평양, 남·북대서양, 인도양, 남·북빙양을 가리킴는 표현은 원래 이들 석호의 섬사람들이 가진 뛰어난 항해 솜씨를 일컫는 말이었다. 이 관용구가 처음 생겨난 것이 로마 시대였다. 그로부터 천 년이 지난 후, 그 노련한 뱃사람들의 후손인 베네치아인들은 배를 타고 바다를 누비며 항해자로서 최고의 명성을 얻었다.

5세기에 로마 제국이 무너지면서 제국의 북쪽 지방은 게르만족의 손에 들어갔지만 베네치아 해안은 로마에 이어 비잔티움$^{Byzantium:\ 콘스탄티노플(지금의\ 이스탄불)의\ 옛\ 이름.\ 비잔틴동로마\ 제국의\ 수도}$의 지배를 받았다. 석호 주변의 조용한 섬들, 그리고 인구가 적고 늪이 많은 본토는 한동안 동로마 제국의 관료들이 다스렸다. 제국의 수도는 콘스탄티노플이었다.

그러나 베네치아는 곧 인구가 적은 섬마을들의 집단에서 어엿한 해양 제국으로 발돋움하게 되었다. 일련의 비극적 사건들이 터무니없을 정도로 연달아 일어난 덕분이었다. 이민족들의 잇따른 침략으로 이탈리아 본토가 초토화되었던 것이다. 기원후 410년, 서고트족의 알라리크 1세$^{Alaric\ I:\ 370?-410}$가 로마를 약탈하는 바람에 피난민들이 지방으로 몰려왔다. 그 중의 일부가 장래의 습격을 염려하여 베네치아 석호 주변의 섬으로 피난하면서 그곳의 인구가 급증했다. 구전에 따르면 베네치아라는 지역 사회가 공식적으로 선포된 것은 처음 유입된 난민들이 그 일대의 섬에 정착한 직후였다고 한다. 421년 3월 25일, 금요일이었다. (그러나 당시 이 지역 사회에 포함된 것은 몇 개의 마을에 불과했다. 오늘날의 베네치아를 구성하고 있는 다른 섬들은 아직 그 속에 들어가지 못했다.)

일부 난민들은 석호 주변에 남았지만 파괴된 이탈리아의 여러 도시로 돌아가 다시 집을 짓고 사는 사람들도 많았다. 그러나 그들의 평화는 오래 가지 못했다. 이번에 또다시 이탈리아를 휩쓸고 지나간 이민족은 바로 훈족의 왕 아틸라$^{Attila: 434-453\ 재위}$였다. 훈족은 452년에 북부 이탈리아를 침공하여 수천 명을 고향에서 몰아냈다. 이 무자비한 공격의 여파로 베네치아의 인구는 다시 늘어났고, 466년 베네치아 제도의 대표들이 처음으로 한 자리에 모여 기본적인 자치 체제를 수립했다.

568년, 북쪽에서 롬바르드족$^{Lombards:\ 6세기에\ 이탈리아를\ 정복한\ 게르만\ 민족}$이 쳐들어와 또다시 이탈리아의 여러 도시를 약탈하고 초토화시켰다. 이 침략으로 수많은 피난민이 베네치아 석호로 몰려들었는데, 그 중에는 교양과 품위를 갖춘 사람들도 적지 않았다. 이번 난민들은 바닷가에서 일시적인 도피처를 찾기보다 대부분 그곳에 아주 정착했다. 후세의 역사가들은 이들 새 베네치아인들의 혈통을 과장하며 그 모두가 로마의 귀족 가문 출신이었다고 주장했다. 어쨌든 568년 이후 베네치아 석호에 정착한 사람들 중에 부유층이 많았던 것은 사실이고, 그 중에는 본토 쪽에 여전히 토지를 소유하고 있는 이들도 많았다. 기원후 1000년 이전의 기록 중에서 현재까지 남아 있는 것들을 살펴보면 꽤 많은 수의 베네치아인들이 토지 소유자였으며 본토에 남아 있는 소작인들로부터 달걀, 가금류, 소고기, 농산물 등으로 소작료를 받고 있었다.

오늘날 우리가 즐겨 찾는 무라노^{Murano: 베네치아 석호의 다섯 섬}의 유리 공장도 실은 로마 시대의 유리 제조업에 뿌리를 두고 있다. 고고학자들은 베네치아 석호의 여러 섬에서 고대의 유리 공장 유적을 발견했다. 인근 본토의 농지뿐만 아니라 그런 공장들도 모두 개인이 소유하고 있었다. 이같은 발견을 통해 우리는 이들 섬에 로마의 난민들이 정착한 직후부터 베네치아에 자본주의가 싹텄다는 결론을 내릴 수 있다.

베네치아의 초기 주민들은 주로 두 부류로 구성되어 있었다. 최초의 주민들은 로마 시대 이전부터 석호를 무대로 살아온 어민이나 그 자손들이었는데, 거주 지역의 특성 때문에 그들은 늪지대와 석호와 강에서 작은 배를 능숙하게 다룰 수 있었다. 그 다음에는 각종 전문직 훈련을 받고 특별한 기술을 가진 세련된 도시인들과 부유한 지주들이 들어왔다. 이렇게 서로 다른 두 부류가 한 곳에 섞이면서 자본주의적 사상과 관습이 싹틀 수 있는 문화적 조건이 형성되었다. 결국 베네치아는 뛰어난 솜씨를 가진 뱃사람들과 상인들로 구성된 사회로 변모했고, 그로부터 몇 세기 뒤에는 지중해 세계를 주름잡게 되었던 것이다. 그러나 그러기 위해서는 우선 당시의 강대 세력들에게 도전하여 실력을 증명해야 했다. 그리고 주민들 자신도 적절한 정치 체제를 확립할 필요가 있었다.

당시 이탈리아의 비잔틴 제국에서 가장 큰 세력은 베네치아 석호에서 그리 멀지 않은 라벤나^{Ravenna}와 이스트리아^{Istria}였다. 697년, 베네치아인들은 별도의 군사 지도자 '둑스$^{dux : 공작}$—이 말이 변하여 '도제$^{doge: 총독}$'가 되었다.—의 지휘 아래 단결했다. 둑스는 비잔틴의 권력자들에게 복명해야 했는데, 751년 롬바르드족이 이웃 라벤나를 점령한 뒤에도 베네치아는 계속 비잔티움의 통제하에 남아 있었다. 그래서 베네치아의 초기 예술과 각종 제도도 당시 그곳을 지배했던 동로마 제국의 영향을 많이 받았다.

810년부터 이 지역은 급격한 변화를 겪게 되었다. 샤를마뉴$^{Charlemagne: 프랑크 왕국의 왕(768-814 재위). 742?-814}$가 아들 피핀$^{Pippin: 이탈리아의 왕 (781-810 재위). 773-810}$을 보내어 베네치아를 정복하게 했기 때문이다. 피핀은 당시 베네치아의 도성이었던 말라모코^{Malamocco}—오늘날의 리도^{Lido} 섬에 있었다.—를 공격했지만 총독을 사로잡지 못했다. 총독은 석호 안에서 가장 큰 섬 리보알토^{Rivoalto}—현재의 이름은 리알토^{Rialto}이며, 베네치아의 유명한 다리$^{1590년경 건설된 길이 48미터의 리알토 다리를 가리킴}$가 있는 곳이기도 하다.—로 피신했다. 비잔틴 제국은 통치권을 되찾기 위해 베네치아 석호에 함대를 파견했다. 그러나 전쟁은 곧 교착 상태에 빠졌고, 결국 비잔틴 제국과 프랑크 왕국 사이에 협정이 이루어졌다. 중간에 끼어버린 베네치아는 이 협정에 따라 비잔티움이 통치하는 공국^{公國}으로 규정되었다. 그러나 시간이 흐를수록 베네치아인들이 자기들의 영토에서 더 많은 자율권을 갖게 되면서 비잔티움의 영향력은 서서히 약화되었다. 바야흐로 베네치아가 총독과 의회가 이끌어가는 공화국으로 거듭날 길이 열린 것이었다.

그러나 피핀에게 함락당할 뻔했던 경험으로 크게 놀란 베네치아인들은 장차 그같은 공격을 다시 받게 된다면 다른 결과가 나올지도 모른다고 걱정하기 시작했다. 그들은 말라모코가 탁 트인 아드리아 해에 면한 모래섬에 자리잡고 있어 본토의 여느 도시와 다름없을 정도로 공격에 취약하다는 사실을 깨달았다. 그래서 베네치아인들은 말라모코를 비롯한 '리디' lidi: 모래톱을 뜻하는 리도lido의 복수형—아드리아 해와 베네치아 석호 사이를 가로막고 있는 모래톱들—가 안전하게 보호해주는 석호 한복판의 여러 섬에 본거지를 마련하기로 결정했다. 이 결정은 곧 역사의 흐름을 바꿔놓고 바다에 대한 지식이 얼마나 큰 힘이 되는지를 보여주게 된다.

아무튼 베네치아 시가 현재의 위치에 자리잡게 되면서 베네치아인들은 난공불락의 요새를 갖게 되었다. 외적들은 리디를 지나 석호 안으로 들어올 수 없었다. 이들 모래톱 사이를 통과하려면 해저 지형에 대한 상세한 지식이 필요했기 때문이다. 그곳에는 베네치아인들만 알고 피할 수 있는 여울들이 즐비했다. 깊은 수로들이 이리저리 갈라지며 지나가는 길을 표시한 이정표들을 치워버리기만 하면 베네치아 시가 자리잡은 리알토의 섬들까지 항해하기란 사실상 불가능한 일이었다. 그리하여 베네치아는 해양 요새가 되었고, 그때부터 바다의 보호를 받으며 천 년이 넘도록 번영을 구가했다.

9세기경 아랍인들이 시리아, 북아프리카, 에스파냐 등지를 정복하고 지중해 전체를 가로지르는 항로를 확보했다. 비잔틴 제국과 아랍인들은 경쟁 관계에 돌입했고, 비잔틴 제국으로부터 서유럽으로 가는 길목에 위치한 베네치아는 애매한 처지에 놓이게 되었다. 사라센 제국이 시칠리아와 이탈리아 반도까지 정복하게 되자 상황은 더욱더 심각해졌다. 이제 베네치아는 유럽과 레반트 지방을 이어주는 유일한 통로였기 때문이다. 베네치아는 지중해 동부와 서부의 중간쯤에 위치해 있었고, 따라서 동부의 비잔틴 제국과 이슬람 제국, 그리고 서부의 라틴 게르만 제국 사이에 존재하는 유일한 연결점이었다. 이 독특한 상황은 곧 교역을 확장하고 힘을 키울 수 있는 절호의 기회였는데, 빈틈없는 베네치아인들이 그런 기회를 놓칠 리 없었다.

베네치아인들은 동양의 비단과 향료를 베네치아로 실어왔고, 거기서 다시 프랑크 왕국과 신성 로마 제국이 지배하는 본토로 운반했다. 물론 본토에 소금과 생선을 파는 일도 계속했지만 이제 교역을 확대하여 동양의 사치품까지 거래하게 되었던 것이다.

바로 이 시기에 베네치아인들은 아드리아 해를 건너올지도 모르는 해군의 공격으로부터 석호를 방어하기 위해 대형 군선들을 만들기 시작했다. 이 사업은 해상 무역의 확대에 발맞추어 진행되었다. 상선이든 군선이든 모든 배는 그때그때의 신기술을 두루 구비했다. 1081년, 베네치아는 아드리아 해의 남쪽에서 확실한 군사적 승리를 거두었다. 베네치아인들은 로베르토 기스카르 휘하의 노르만족과 싸우고 있는 비잔틴 제국을 돕기 위해 함대를 보냈는데, 당시 기스카르는 아말피를 비롯한 남부 이탈리아의 도시 국가들을 지배하고 있었다. 이 싸움은 베네치아의 승리로 끝났다.

이오니아 해에서 로베르토 기스카르를 무찌른 후 몇 달이 지난 1082년, 비잔틴 황제 알렉시우스 1세는 베네치아인들의 도움에 보답하기 위해 제국 전역에서 통용되는 교역상의 전례없는 특권을 부여했다. 그와 동시에 제국을 상대로 한 아말피의 교역에 대해서는 더 무거운 세금을 매겨 황제 자신을 겨냥한 기스카르의 음모를 응징했다. 이같은 조치는 지중해 무역의 패자였던 아말피가 몰락하고 베네치아가 새로 부상하는 계기가 되었다.

1095년, 교황은 기독교인들에게 십자군을 일으켜 이교도들에게 빼앗긴 성지를 탈환하자고 호소했다. 프랑스와 이탈리아의 귀족들이 교황의 부름에 응하면서 제1차 십자군 전쟁이 시작되었다. 1098년, 피사에서 출발한 대규모 함대가 비잔틴 제국에 속한 코르푸 섬에 주둔하며 겨울이 지나가기를 기다렸다. 이듬해에는 베네치아에서 출발한 또 하나의 함대가 로도스 섬에서 겨울을 났다. 피사인들이 로도스 섬으로 와서 베네치아인들과 합류했다. 그러다가 두 함대 사이에 싸움이 벌어졌다. 베네치아인들이 승리했고, 피사인들은 비잔틴 제국의 모든 항구에서 교역을 하지 않기로 합의했다.

베네치아인들은 다시 바다를 건너 자파^{Jaffa: 이스라엘의 도시. 1950년 텔아비브와 합쳐짐}로 향했고, 경쟁 상대인 피사인이나 제노바인들보다 먼저 도착했다. 간신히 때맞춰 도달한 덕분에 그들은 부용의 고드프루아^{Godefroi de Bouillon : 하下로렌Lower Lorraine의 공작(고드프루아 4세로서 1089-1100 재위)이며 제1차 십자군 지도자. 1060?-1100}가 자파와 하이파^{Haifa: 이스라엘의 항구 도시}의 항구들을 확보할 때 한몫 거들 수 있었다. 그 결과로 베네치아인들은 고드프루아에게서도 교역상의 혜택을 얻어내고 1100년 말엽에 베네치아로 개선했다.

1100년 이후 베네치아인들은 더 이상 자신들의 함대로 비잔틴 제국을 방어하지 않고 자국의 이익을 추구하기 시작했다. 그로부터 몇 세기 동안 베네치아의 상선들은 베네치아 해군의 보호를 받으며 지중해 동부를 장악했다. 십자군 전쟁은 베네치아가 지중해에서 가장 강력한 해양 세력으로 탈바꿈하는 촉매가 되었던 것이다.

베네치아인들은 아드리아 해의 석호에서 강을 거슬러 올라가 이탈리아 내륙으로 상품을 운송하는 일이 전문이었고, 지중해를 가로지르는 해상 무역은 주로 그리스와 시리아를 비롯한 지중해 동부 국가들이 담당하고 있었다. 그러나 이제 베네치아는 제국들 사이에 끼어 있었고, 그것은 고기잡이와 경공업과 단거리 교역을 주업으로 하던 속국의 처지를 벗어나 당당한 해양 강국으로 변신할 수 있는 좋은 기회였다.

베네치아의 역사에서 12세기 초엽은 하나의 전환점이었다. 이 시기를 즈음하여 베네치아인들은 더 큰 배들을 건조하기 시작했다. 지중해 연안의 다른 지역들은 몇 세기에 걸친 남벌濫伐로 헐벗은 지 오래였지만 다행히 베네치아인들이 사는 곳은 아직도 나무가 풍부한 얼마 안 되는 지역 중의 하나였다. 배를 만들기에 좋은 여건이 두루 갖춰진 셈이었다. 베네치아인들은 심지어 이교도들에게 목재를 판매하는 것을 금지한 교황령을 무시하고 종종 지중해 동부로 목재를 수출하기까지 했다.

베네치아인들은 지중해 동부와의 교역에서 모든 기회를 놓치지 않고 최대한 활용하려면 배를 좀더 능률적으로 만들 수 있어야 한다고 생각했다. 그들에게는 상선도 필요했지만 해적들로부터 그 상선들을 보호하고 바다로부터의 공격을 막아 공화국을 지켜내기 위해서는 군선도 많이 필요했다. 그래서 1104년에 베네치아인들은 아스널Arsenal—이탈리아어로는 아르세날레Arsenale—을 만들었다. 이 거대한 조선소는 그때부터 여러 세기에 걸쳐 베네치아를 위해 크게 이바지했고, 영어에서 해군 공창을 뜻하는 '아스널arsenal'이라는 단어도 그 이름에서 비롯되었다. (아스널의 어원은 '만드는 집'이라는 의미를 가진 아랍어 '다르 시나아[dār ṣināʻah]'이다.)

아스널은 베네치아 동부의 두 섬에 건설되었는데, 그로부터 반 세기 안에 그곳은 여러 조선소와 주물 공장, 작업장 등을 갖춘 엄청난 규모의 생산 복합체로 성장했다. 자그마치 1만 6천 명이 동시에 작업할 수 있는 그곳에서 군용軍用과 민용民用을 가리지 않고 수많은 배들이 무서운 속도로 만들어졌다. 이따금씩 총독 관저를 찾은 외국 고관들이 리바Riva: 베네치아 중심지를 지나 1.6킬로미터쯤 떨어진 아스널로 안내되어 배를 만드는 작업을 구경하며 감탄하기도 했다.

어느 날 아침 그곳을 방문한 프랑스 국왕은 한 배의 용골龍骨을 세우는 과정을 지켜보았는데, 해질녘에 다시 갔을 때는 이미 그 배가 완성되어 돛과 삭구索具와 무기 등 항해 준비를 완전히 끝마치고 진수進水되는 장면을 볼 수 있었다. 아스널의 이같은 명성 때문에 단테도《신곡》에서 이렇게 노래했다.

"베네치아의 조선소에서는 / 겨우내 끈끈한 역청^{瀝靑}을 끓여 / 낡고 부서진 배들을 손질하나니"(지옥편, 21곡, 7-9행).

조선 사업이 점점 커져감에 따라 베네치아인들은 원양 선박을 외국에 수출하기도 했다. 베네치아는 바다를 건너는 장기간의 항해에 잘 적응한 뛰어난 뱃사람들을 양성할 뿐만 아니라 상인 계급도 배출하고 있었다. 이 상인들은 상품을 배에 싣고 함께 여행하면서 항로는 물론이고 항해 시기와 지시 사항 등에 대한 결정 과정에도 관여했다. 베네치아의 배들은 다른 나라의 배들에 비해 민주적으로 운영되었다. 배를 책임지고 있는 사람도 '선장'이 아니라 '선원'이라고 불렀다. 선원과 함께 여행하는 상인들은 돈과 생명을 배의 운명에 맡겼으므로 배를 지휘하는 일에도 능동적으로 참여했다. 그리하여 상인들과 선원, 그리고 그밖의 승무원들이 모두 함께 의논하여 해적과 악천후 또는 위험한 바위투성이 해변을 피하려면 항로를 변경하는 것이 좋을지 결정하곤 했다.

베네치아의 선단은 점점 더 규모를 더해가고 뱃사람들이 지중해 전역을 누비기 시작했지만 국내에서는 여전히 종전의 작은 배와 평저선^{平底船}들이 이용되었다. 돛이나 노를 사용하는 이 배들은 베네치아의 섬들을 둘러싼 석호 안에서 사람과 물자를 운반했고, 베네치아 시가 건설된 일군의 연계된 섬에서 다소 떨어져 있는 다른 섬들을 연결해주는 역할도 담당했다. 리도 섬(옛날에는 그런 모래톱이 여러 개 있어 '리디^{lidi}'라고 불렀다), 화재의 위험 때문에 도시에서 멀리 떨어진 곳에 건설한 유리 공장들이 있는 무라노의 섬들, 그리고 토르첼로Torcello와 부라노Burano 등이 그런 방법으로 서로 왕래했다.

베네치아인들은 점점 부유해질수록 십자군에도 적극적으로 참여했다. 처음에는 성지로 갈 때 위험한 바다를 건너지 않으려고 대부분의 십자군이 육로를 택하여 먼 길로 돌아서갔다. 그러나 항해술의 발전에 따라 사람들이 선호하는 노선도 달라졌다. 1199 – 1204년에

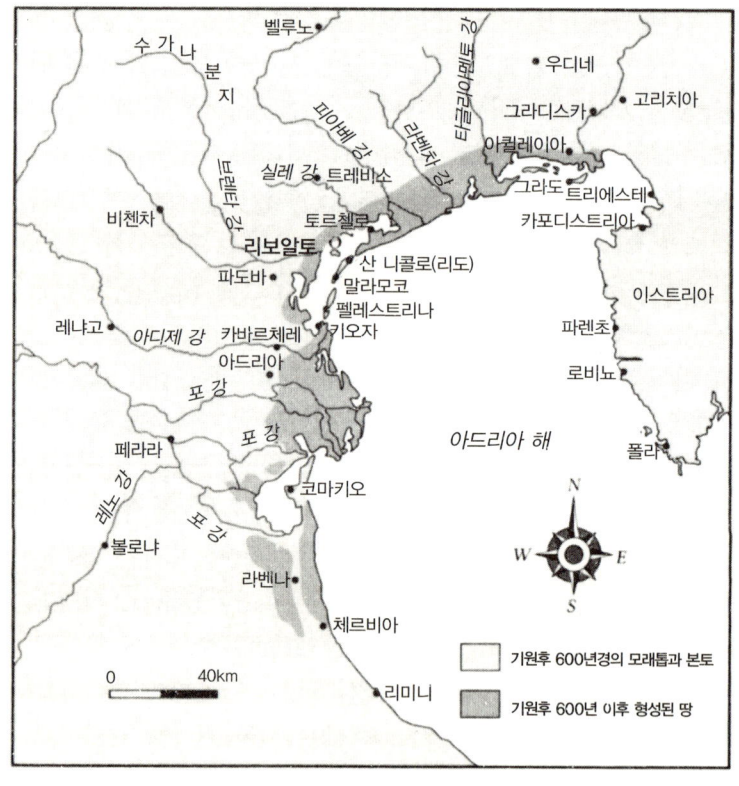

베네치아의 석호들

출정한 제4차 십자군은 중요한 역사적 전환점이었다. 이 십자군은 성지로 가지 않고 방향을 돌려 콘스탄티노플을 점령했다. 프랑크족의 보두앵 1세$^{Baudouin\ I:\ 플랑드르\ 백작.\ 제4차\ 십자군의\ 지도자로\ 콘스탄티노플\ 라틴\ 제국\ 최초의\ 황제가\ 됨.\ 1172-1205}$가 제위에 올랐고, 황도皇都 콘스탄티노플의 8분의 3과 제국 전체의 8분의 3을 베네치아인들이 관리하게 되었다. 제4차 십자군 원정을 통하여 베네치아는 적어도 지중해에서는 경쟁 상대를 찾아볼 수 없는 일대 강국으로 떠올랐다. 이제 명실공히 제국의 파수꾼으로 자리매김한 것이었다.

13세기에 지중해를 항해하던 배들은 국적을 막론하고 모두 새로 발명된 자기 나침반을 구비하고 있었다. 이제는 겨울이 지나가기만 기다리며 뭍에서 허송세월할 필요가 없었다. 나침반이 도입되기 전에는 베네치아 선단이 레반트 지역으로 갈 때마다 겨울을 피해 시기를 맞춰야 했다. 이를테면 부활절$^{3월\ 21일\ 이후의\ 만월滿月\ 다음에\ 오는\ 첫\ 일요일}$에 떠났다가 9월에 돌아오거나 아니면 8월에 떠나 목적지에서 겨울을 나고 5월에 베네치아로 돌아오는 식이었다. 그러나 나침반이 도입되면서부터 베네치아 뱃사람들은 과학적인 방법으로 항해할 수 있게 되었다. 언제든지 정확한 방향을 확인할 수 있었고, 추측 항법—나침반이 가리키는 일정한 방향에서 항해 속도와 시간 등을 기준으로 배의 위치를 산출하는 방법—을 이용하여 해상에서의 위치를 추산할 수 있었기 때문이다.

나침반이 가져다준 혁신적인 변화 덕분에 베네치아의 배들은 일

년에 한 번이 아니라 두 번의 왕복 항해를 할 수 있게 되었다. 게다가 언제 출발하든지 해외에서 겨울을 날 필요가 없었다. 이같은 변화는 그 즉시 베네치아인들의 부를 급증시켰다.

자기 나침반을 잘 이용한 덕분에 베네치아인들은 전시와 평화시를 막론하고 바다에서 큰 성공을 거둘 수 있었다. 베네치아는 풍배도를 물에 띄운 상자 하나에 의지하여 어부들의 작은 집단이라는 틀을 벗어던지고 지중해에서 으뜸가는 해상 제국으로 탈바꿈했던 것이다.

항해의 능률 향상은 지중해의 모든 해양 국가에서 비슷한 시기에 이루어졌으나 새로운 가능성을 가장 먼저 이용한 뱃사람들은 베네치아인들이었다. 이제 그들이 바다의 지배자들이었기 때문이다. 학자들은 이탈리아에서 나침반 사용이 일반화된 시기를 1274년에서 1280년 사이로 좁힐 수 있었다. 베네치아뿐만 아니라 피사와 제노바의 공증 기록을 보더라도 1274년까지는 모든 해운 활동이 겨울 항해를 피하는 종전의 리듬을 여전히 따랐다. 그러나 1290년에는 벌써 그 도시 국가들의 선단이 계절을 가리지 않고 지중해 곳곳을 누비고 있었다. 이같은 변화가 일어난 것도 나침반이 도입되었기 때문이었다.

13세기의 베네치아 인구는 8만 명을 넘어섰는데, 그 정도로도 베네치아는 중세 서유럽에서 가장 큰 도시 중의 하나였다. 그러나 해상 무역의 증가와 그로 인한 번영에 힘입어 미처 한 세기가 지나기도 전에 '일곱 바다' 일대의 인구는 16만 명에 이르렀고, 그 중에서 베네치아 시내에 거주하는 인구만 따져도 12만 명이었다. (비교를 위해 인구 규모가 베네치아에 필적하는 도시를 찾는다면 이탈리아 이외의 국가에서는 당시 10만 명의 인구를 가지고 있던 파리밖에 없었다.) 본토의 전원 지방에 살던 사람들이 자꾸 베네치아로 몰려들었으므로 도시의 인구는 계속 늘어나는 추세였다. 그러나 해상 무역의 증가는 중세 최대의 비극도 함께 불러왔다. 바로 흑사병이었다.

1347년, 지중해 동부에서 돌아오는 베네치아의 배 한 척에 흑사병을 옮기는 쥐들이 타고 있었다. 그로부터 18개월이 지났을 때는 베네치아 인구의 5분의 3이 어이없이 스러져버린 뒤였다. 그로부터 여러 해에 걸쳐 유럽은 물론이고 다른 대륙의 도시들도 그렇게 유린당했다. 그러나 베네치아는 다시 일어섰고, 그때부터 다시 450년 동안 으뜸가는 해양 강국으로 군림했다.

베네치아인들의 사업이 그토록 번창할 수 있었던 것은 그들이 자기 나침반과 같은 해양 기술 및 과학을 신속하게 도입하여 능숙하게 활용한 덕분이었다. 선출된 총독과 그를 보조하는 의회—둘 다 귀족층에서 선임되었다.—로 구성된 독특하고 안정적인 정치 형태와 더불어 탁월한 항해 능력이 있었기에 베네치아는 급변하는 세계 속에서도 거뜬히 버텨낼 수 있었다. 그리고 그 능력은 공화국에 엄청난 부를 안겨주었다.

자기 나침반의 출현은 베네치아에 해운 혁명을 일으켰다. 기원후 1000년 이후 베네치아인들은 석호에서 사용하는 작은 배보다 좀더 큰 배를 만들기 시작했지만 13세기와 14세기에는 정말 거대한 배를 만들었다. 중세 시대만 하더라도 지중해의 배들은—다른 곳도 마찬가지였지만—대부분이 배수량^{물에 뜬 배가 그 무게로 밀어내는 물의 분량. 물의 무게는 배의 무게와 같음} 100톤 이하였고 길이도 80피트(2.5미터)를 넘지 못했다. 베네치아인들은 200톤에 달하는 배도 몇 척 갖고 있었지만 그보다 큰 배는 없었다. 그러나 1260년에 그들은 로카포르테 호라는 거대한 배를 만들었다. 이 배의 배수량은 500톤에 달했다. 그에 비하면 메이플라워 호는 180톤이었고, 콜럼버스의 산타마리아 호는 겨우 100톤에 불과했다. 그러므로 로카포르테 호는 당시에만 사상 최대의 배였던 것이 아니라 그 뒤에도 아주 오랫동안 지중해 안에서는 가장 큰 배였다. 몇 년 뒤 베네치아는 500톤급 선박을 하나 더 만들었고, 그후 베네치아의 맹렬한 경쟁국이었던 제노바도 그만한 크기의 선박 두 척을 만들어냈다.

  그렇게 큰 배를 건조할 수 있었던 것은 당시 항해술이 크게 발전했기 때문이었다. 주로 나침반 덕분에 이제 배들이 안개나 구름 때문에 길을 잃는 일도 없어졌고, 항구에 발이 묶인 채 겨울이 지나가기만 기다리며 귀중한 시간을 허비하는 일도 없게 되었던 것이다. 자기 나침반을 사용하기 시작하면서 뱃사람들은 비로소 안전하게, 그리고 능률적으로 일할 수 있었다. 나침반의 등장과 함께 조선 기술도 발달하면서 베네치아의 함대는 점점 현대화되었다. 그리하여 지중해의 배들이 나침반을 구비하기 시작한 후 다음 세기가 찾아왔을 때 베네치아인들은 아주 큰 배들을 만들기 시작했고 그들이 만들 수 있는 배의 숫자도 크게 늘어났다.

이제 그들은 바다를 통해 전보다 훨씬 더 많은 물품—소금, 곡식, 포도주 등—을 운반할 수 있었다. 곡식과 포도주는 주로 크레타에서 들여왔다. 당시의 베네치아인들에게 크레타는 좋은 포도주와 곡류를 생산 공급하는 중요한 교역 상대였다. 베네치아는 에게 해의 교역로를 보호하기 위해 낙소스^{Naxos : 키클라데스 제도에서 가장 큰 섬}를 비롯한 여러 섬을 점령하여 소유하고 있었다. 그리고 자국의 배들을 해적들로부터 지키기 위해 달마티아^{Dalmatia : 유고슬라비아의 아드리아 해 연안 지방} 해안을 비롯한 여러 곳에 보호령을 두었다. 오늘날에도 여행자들은 지중해 전역에서 종종 베네치아의 특색이 뚜렷한 건축물들을 발견하곤 한다. 제노바와의 경쟁 관계는 몇 세기에 걸쳐 계속되었지만 지중해의 주인은 여전히 베네치아였다. 그들의 배는 동유럽에서 서유럽으로 물품을 운반했고, 성지로 가는 순례자들을 포함하여 수많은 여행자들을 실어날랐다.

　번영은 곧 예술과 문화의 발전을 가져왔다. 베네치아인들은 석호 주변에 지금도 세계에서 가장 아름답다고 할 만한 도시를 건설했고, 부유한 가문들은 이 도시의 주요 물길인 대운하에 누가 더 웅대한 대저택을 짓는지 서로 경쟁을 벌였다. 베네치아에 살았던 유명인으로는 화가 티치아노^{Tiziano: 이탈리아 르네상스의 대표적인 베네치아파 화가. 1490?-1576}, 틴토레토^{Tintoretto: 후기 르네상스의 가장 중요한 화가. 1518?-1594}, 카날레토^{Canaletto: 1697-1768}, 작곡가 비발디¹⁶⁷⁸⁻¹⁷⁴¹, 알비노니^{Albinoni: 1671-1751}, 몬테베르디^{Monteverdi: 르네상스 말기. 1567-1643}, 그리고 최초의 세계 여행가 마르코 폴로^{Marco Polo: 1254?-1324} 등이 있다.

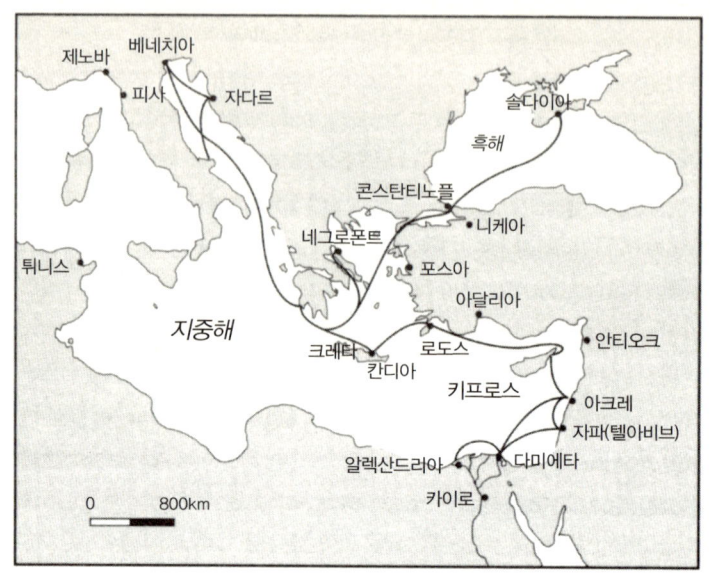

4차 십자군 원정 직후 베네치아의 주둔지와 교역로

　베네치아를 강대국으로 만들어준 발명품이 나중에 가서 오히려 파멸의 계기가 되었다는 것은 역사의 아이러니가 아닐 수 없다. 15세기에 찾아온 대탐험 시대는 나침반을 사용한 덕분에 실현될 수 있었는데, 이때 유럽 각국은 저마다 새로운 판로와 새로운 교역로를 개척하기 시작했다. 그때부터 베네치아는 몇 세기 동안 사실상 세계 무역을 독점하던 상태를 더 이상 유지할 수 없게 되었다. 베네치아가 선단에 기울이던 정성은 16세기부터 18세기까지 꾸준히 약화되었다. 상선이든 군선이든 사정은 마찬가지였다. 이제 공화국의 관심은 지중해 무역보다 이탈리아 본토에 집중되었다. 그러나 베네치아인들은 옛날부터 뱃사람들이었고, 따라서 해군을 우수한 지상군으로 교체할 능력도 없었고 그럴 의향도 없었다.

장기간의 평화와 번영을 누리던 베네치아는 1797년 무렵에는 이미 쾌락에 몰두하는 도시로 전락하여 자기 방어를 위한 군사력조차 사실상 전무한 상태가 되고 말았다. 그것은 치명적인 실수였다. 나폴레옹이 이탈리아 본토로 쳐들어왔을 때 베네치아인들은 그 위협에 대처할 준비를 전혀 갖추지 못하고 있었다. 그들은 나폴레옹의 군대가 베네치아 석호 가까이 도달할 때까지 상황의 심각성을 깨닫지 못했다. 나폴레옹은 사자使者들을 보내 총독과 의회를 협박하여 전권을 포기하게 만들었다. 그의 군대는 총 한 발도 쏘지 않고 베네치아에 진입했다. 나폴레옹은 베네치아에 발도 들여놓지 않고 행군을 계속하여 유럽을 휩쓸었다. 세계에서 가장 평화로웠던 공화국은 그렇게 막을 내렸다.

마르코 폴로
Marco Polo

알렉산드로스 대왕이 살았던 기원전 4세기부터 서양과 인도는 서로 왕래가 잦았다. 그때부터 코스마스 인디코플레우스테스^{Cosmas Indicopleustes: 6세기에 알렉산드리아에서 활동한 이집트 상인, 여행가, 신학자, 지리학자. '인디코플레우스테스'는 라틴어로 '인도의 항해가'라는 뜻}가 말라바르^{Malabar: 인도 서해안 남부의 옛 행정구역. 현재의 케랄라 주 지역에 해당} 해안을 찾은 6세기까지 인도양은 유럽의 여행자들에게 활짝 열려 있었다. 그러나 인도의 북부와 동부 지역은 서양에서 여전히 미지의 땅이었고, 유럽인들이 거기까지 여행했다는 증거는 전혀 없다. 그러나 중국에서 중앙 아시아를 거쳐 유럽으로 이어지는 대상^{隊商} 교역로 '비단길'은 로마 시대부터 존재하고 있었다. 이 길을 따라 비단과 향료를 비롯한 동양의 값비싼 상품들이 광활한 대륙을 가로질러 로마 제국의 시장까지 운반되었다. 그런 물건들이 속속 들어오고 있었는데도 유럽인들은 그것을 생산한 신비로운 나라에 대해 직접적인 지식이 전혀 없었다.

7세기에 살았던 테오필락투스$^{Theophylactus:\ 동로마\ 제국의\ 역사가.\ ?-640?}$는 중국을 잘 알았던 최초의 유럽인 저술가였다. 그는 중앙 아시아의 터키 왕국에서 콘스탄티노플의 황궁으로 파견된 사신들을 통하여 중국에 대한 지식을 얻었다. 그러나 7세기부터 동쪽의 중국으로 가는 해상 및 육상의 모든 길이 차단되었다. 당시 근동近東의 지배 세력으로 군림한 이슬람교도 때문이었다. 그래도 일부 상인들은 교역을 계속했고 동서양을 오가며 귀중품들을 운반했다. 우수한 선박과 선원들을 보유한 베네치아가 해상 무역을 독점하다시피 했지만 제노바와 피사를 비롯한 다른 나라의 뱃사람들도 이 유익한 무역에 관여했다. 그러나 이같은 서양 상인들이 지중해와 흑해를 벗어나 더 멀리 진출한 예는 없었다. 지중해 및 흑해 동부와 그 너머의 항구들은 아랍인들이 무역을 장악하고 있었다. 아랍 뱃사람들은 878년 중국의 항구들이 폐쇄될 때까지 중국을 왕래했다.

		서양의 기독교인들은 중국이나 콘스탄티노플 동쪽의 세계와 직접적인 접촉이 없었다. 게다가 십자군 전쟁으로 동서양의 두 세계는 더 철저히 분리되었다. 기독교도의 공격에 이슬람교도가 단결하여 동양으로 가는 문을 단단히 닫아버렸기 때문이다. 1187년 갈릴리의 하틴의 뿔$^{Horns\ of\ Hattin:\ 갈릴리\ 호숫가의\ 구릉지대}$ 부근에서 살라호$^{Salāh:\ 살라흐\ 앗딘\ 유수프\ 이븐\ 아이유브.\ 이슬람의\ 술탄.\ 영어명\ 살라딘\ Saladin.\ 1137?-1193}$가 십자군과 싸워 승리를 거두고 당시 십자군이 성지에 있던 대부분의 요새들을 빼앗아버리면서 상황은 더욱더 악화되었다.

		1206년, 중앙 아시아의 몽골족이 민족의 성지 카라코룸$^{Karakorum:\ 몽}$

골 제국의 수도에 모여 지배자 칸^{khan}을 선출했다. 그가 바로 칭기즈 칸 1162?-1227이었다. 그로부터 불과 12년 사이에 칭기즈 칸 휘하의 몽골족은 캐세이^{Cathay}라고 불리던 중국의 북부 지방을 정복했고, 두 세대가 지난 뒤에는 전세계의 큰 부분을 지배할 수 있었다. 그들의 영토는 중국을 넘어 서유럽 외곽까지 확장되었다. 몽골족―서양에서는 타타르족^{Tartars}으로 불렸는데, 그것은 몽골의 한 부족인 타타르족 Tatars을 잘못 표기한 명칭이었다.―은 기독교도가 아니었지만 또한 이슬람교도도 아니었다. 그래서 서양의 많은 기독교인들이 몽골족을 기독교로 개종시킬 수 있을 거라고 생각했다. 선교사들이 몽골 영토로 진출하기 시작하면서 교역의 가능성이 열렸다. 바야흐로 베네치아 상인들이 광활하고 풍요로운 동양과 교역할 수 있는 기회의 시대가 무르익은 것이었다.

마르코 폴로는 1254년경 베네치아에서도 손꼽히는 부호 가문의 후손으로 태어났다. 오늘날 그는 중국에 다녀와 여행기―《동방견문록》(1298년)―를 쓴 최초의 유럽인으로 널리 알려져 있다. 자기 나침반이 중국에서 발명되었음을 아는 사람들은 자연히 마르코 폴로가 나침반을 유럽에 들여왔다고 생각하기도 했다. 그러나 애석하게도 그것은 사실이 아니다. 자기 나침반에 대해 언급한 유럽 최초의 문헌은 알렉산더 네컴의 저서인데, 그 책이 나온 것은 1187년이었고 마르코 폴로가 태어난 것은 그로부터 거의 70년이 지나서였기 때문이다.

그러므로 폴로가 중국에서 서양으로 자기 나침반을 처음 들여왔을 리는 없다. 물론 마르코 폴로가 중국의 자기 나침반을 베네치아로 가져왔을 가능성은 있지만, 설령 그렇더라도 그것이 유럽에 들어온 최초의 나침반은 아니었다. 그가 여행하던 시기에는 이미 수많은 유럽 선박들이 자기 나침반을 사용하고 있었기 때문이다. 더욱이 마르코 폴로의 책에는 나침반을 가져왔다는 언급이 전혀 없다. 그러나 마르코 폴로의 여행이 자기 나침반의 역사와 관련이 있는 것만은 사실이다.

마르코 폴로의 이야기는 곧 항해의 범위가 한창 확대되던 당시 동서양의 관계에 대한 이야기이기도 하며, 따라서 해운업에서 나침반의 역할이 점점 중요해지던 시기에 동서양의 관계가 어떠했는지를 말해주기 때문이다. 마르코 폴로의 이야기는 또한 나침반이 대강 어떤 경로를 통하여 중국으로부터 유럽으로 흘러 들어오게 되었는지를 시사하고 있다. 아마도 어느 이름 모를 여행자가 폴로와 비슷한 경로로 나침반을 들여왔을 텐데, 그는 자신의 여행에 대해 유명한 책을 출판하기는커녕 아무런 기록조차 남기지 않았다. 베네치아를 출발하여 동양으로 갔다가 돌아온 마르코 폴로의 항해 여정은 중세의 동서양 항로를 보여주는 좋은 본보기라고 할 수 있는데, 나침반도 그 항로를 따라 중국에서 서양으로 전해졌을 가능성이 높다.

마르코 폴로의 아버지 니콜로^{Nicolò}와 삼촌 마페오^{Maffeo}는 콘스탄티노플에서 장사를 하는 베네치아 상인이었다. 1255년 그들은 자기들이 소유한 배를 타고 콘스탄티노플을 떠나 흑해의 솔다이아^{Soldaia}로 갔다. 선주인 그들은 항로 선택권을 포함하여 항해에 관련된 각종 결정을 내릴 권한을 갖고 있었다. 솔다이아에 도착한 두 형제는 다시 더 많은 이익을 얻을 수 있는 시장을 찾아 극동으로 출발했다. 그들은 육로를 통해 중앙 아시아를 거쳐 북경까지 여행하고 1269년 베네치아로 귀환했다. 아시아에서 중요한 사업상의 관계를 맺고 대

한大汗: 몽골 민족의 황제에 대한 칭호. 여기서는 원의 초대 황제 쿠빌라이 칸(세조: 1215-1294)을 가리킴

과 교류한 뒤 베네치아로 돌아온 그들은 젊은 마르코를 데리고 두 번째 동양 여행에 나섰다.

  1271년, 당시 열일곱 살이었던 마르코 폴로는 마페오와 니콜로를 따라 육로를 통해 중국으로 향했다. 그들은 베네치아에서 출발하여 통행이 많은 길을 따라 콘스탄티노플로 갔다. 거기서부터 동쪽으로 가는 길은 훨씬 더 힘들고 까다로운 여행이었다. 콘스탄티노플을 떠난 폴로 일가는 보스포루스 해협을 건너 아시아 땅에 들어섰다. 그들은 소아시아의 험한 산맥을 넘고 페르시아 중부의 사막들을 통과했다. 높이 6000미터에 달하는 산들이 늘어선 파미르 고원에서 눈보라에 맞서기도 했다. 이윽고 그들은 중국 서부의 드넓은 타림 분지를 지나고 투르키스탄을 거쳐 고비 사막 남부에 들어섰다. 중간중간 물품을 조달하고 더위나 모래 폭풍을 피하기 위해 자주 발을 멈춰야 했지만 마침내 그들은 무사히 북경에 도착할 수 있었다. 장장 3년 반에 걸친 여행이었다.

  폴로 일가의 이 여행에 소요된 시간과 온갖 어려움을 생각하면 중국과 서양이 그토록 오랫동안 서로 잘 알지 못했던 이유를 짐작할 만하다. 그러나 그렇게 불가능에 가까운 여행일지라도 귀중품 교역

이라는 경제적 매력이 있었기에 폴로 일가와 같은 사람들에게는 삶의 한 방식이 될 수 있었던 것이다.

폴로 일가가 북경에 도착한 후 얼마 지나지 않아서 젊은 마르코는 몽골어를 능숙하게 구사할 수 있었다. 언어에 대한 그의 탁월한 재능 덕분에 폴로 일가는 드넓은 아시아 제국의 사람들과 거래를 트고 그들의 지도자들과 효과적으로 의사 소통을 할 수 있었다. 폴로 일가는 운좋게도 최고 고위층과 연결되었다. 그들은 통치자 쿠빌라이 칸에게 교황의 서신을 전하고 개인적인 친분까지 맺었다. 칸은 황도에서 그들을 맞이하여 크나큰 영예를 베풀었다.

대한은 새 친구들을 깊이 총애하여 머지않아 그들에게 여러 가지 임무를 맡겼다. 그들은 칸의 귀한 손님 자격으로 여행했다. 동해에서 유럽 외곽까지 뻗어 있는 그의 광활한 제국에서 자유로운 통행을 보장하며 가는 곳마다 무료 숙식은 물론이고 호위대까지 제공되는 공식적인 황금패를 지니고 있었기 때문이다. 젊은 마르코는 종종 황제를 위해 특수 임무를 띠고 활동했다. 폴로 일가가 대한의 분부로 수행한 가장 중요한 임무 중의 하나는 중국에서 바닷길을 통해 서쪽으로 가는 일이었다.

몽골의 한 공주가 페르시아의 왕비로 가게 되었는데, 마르코 폴로는 당시의 항해 도구들을 이용한 해상 여행이 육로보다 안전하며 더 빠르다고 칸을 설득했다. 대한은 폴로 일가 3인이 항해에 대해 해박한 지식을 지니고 있어 공주를 수행하기에는 더할 나위 없는 적임자들이라고 믿었다. 마르코 폴로는 중국인 키잡이들을 만나 항해술에 대해 토론하고 그들이 인도양을 항해하는 방법도 알게 되었다. 그는 그렇게 얻은 지식을 항해 중에 적절히 활용했다. 마르코 폴로의 여행은 성공적이었다. 그러나 이 여행은 여러 달 동안 계속되었고, 그의 말에 따르면 많은 승선자들이 목숨을 잃었다고 한다.

마르코 폴로는 동양을 두루 여행했다. 전체적으로 볼 때 그는 역사상 그 이전의 누구보다도 멀리 여행한 인물이었다. 그러한 마르코 폴로의 경험이 기록으로 남게 된 것은 후세를 위해서도 다행스러운 일이었다. 유럽으로 돌아온 후 몇 해가 지났을 때 그는 포로가 되어 감옥에 갇혔는데, 이때 한 작가를 만나 그의 도움으로 여행기를 출간했다. 이 우연한 만남 덕분에 폴로 일가의 여행은 세계 탐험사에서 한 장을 차지할 수 있었다.

폴로 일가는 바닷길로 여행할 때가 많았다. 특히 유럽으로 돌아오는 길은 거의 전적으로 해상 여행이었다. 동양에서 시간을 보내는 사이에 마르코 폴로는 숙련된 뱃사람이 되었다. 그는 중국인들의 항해 방법을 잘 알고 있었으며, 동양의 항해가 및 뱃사람들과 긴밀한 관계를 맺으며 더욱더 견문을 넓혔다. 그러나 안타깝게도 마르코 폴로의 책에는 자기 나침반에 대한 언급이 전혀 없다. 혹시 이때까지도 중국에서는 여전히 나침반을 주로 풍수학에만 사용하고 있었던 것일까?

마르코 폴로의 말에 따르면 중국 뱃사람들은 코모린$^{Comorin\ 곶인도\ 최남단의\ 곶}$에서부터 그 이북으로 갈 때 북극성을 이용했다. 코모린 곶 부근에서는 북극성이 수평선 위에 보일락말락했다. 영국 뱃사람들은 코모린 곶에 이르면 '북극을 잃는다'$^{lose\ the\ pole}$고 표현했다. 그러므로 이 위도에서 더 남쪽으로 항해하는 선박들에게는 자기 나침반이 더욱더 중요했다. 마르코 폴로는 그밖의 두 곳에서도 북극성의 고도를 기록해놓았는데, 하나는 말라바르, 또 하나는 구자라트$^{Gujarat\ :\ 인도\ 서단에\ 있는\ 주}$였다. 폴로의 설명을 통해 우리는 북극성을 이용하여 방향을 찾을 수 있을 뿐만 아니라 배가 있는 곳의 위도까지 판단할 수 있다는 것을 알 수 있다.

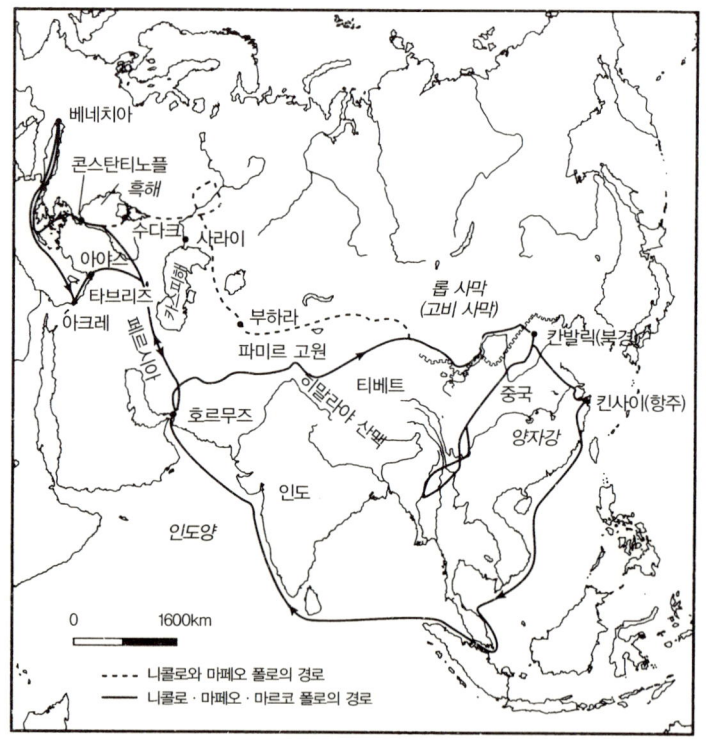

마르코 폴로의 여행

일부 전문가들은 자기 나침반이 중국에서 발명된 것과는 별개로 유럽에서 다시 발명되었을 것이라고 믿는다. 마르코 폴로의 이야기는 그러한 추측에 대해서도 시사하는 바가 크다. 동서양의 관계에 대한 몇 가지 사실들을 보여주고 있기 때문이다. 중국에서 서양으로 가는 바닷길은 통과하기가 쉽지 않았고, 더구나 여러 세기 동안 폐쇄된 상태였다. 반면에 중앙 아시아를 지나가는 육로는 역사적으로 언제나 이용할 수 있었고, 바닷길이 열려 있는 동안에도 유럽으로 가는 사람들은 육로를 선호했다. 우리는 중국에서 출발한 대상들이 로마 제국으로 상품을 운반했다는 것, 그리고 비록 도적떼와 비협조적인 이슬람 정부의 관료들, 그밖의 정치적인 요인 등으로 종종 방해를 받기는 했지만 그 길은 중세 시대 전반에 걸쳐 언제나 통행이 가능했다는 것을 알고 있다.

우리는 이르면 1세기 또는 그 이전부터 중국인들이 자기 나침반을 가지고 있었다는 것을 안다. 당시에는 로마 제국의 교역로가 열려 있어 비단을 비롯한 상품들이 정기적으로 유럽에 유입되었다. 또한 우리는 이 시기에 지중해와 중국에서 점복술이 성행했다는 사실도 알고 있다. 사모트라케 섬은 지리적으로 콘스탄티노플과 가까워 중국으로부터 들어오는 온갖 상품을 가까이 접할 수 있었는데, 이곳에서는 한 종교가 특히 활발하게 활동하면서 실제로 자석을 의식에 사용했다. 그러므로 몇백 년에 걸친 교역 과정에서 점복술에 사용되는 중국의 자기 나침반이 유럽에 들어와 결국 지중해의 이 종교 집단에 전해졌을 가능성도 충분하다고 볼 수 있다.

마르코 폴로의 여행은 나침반이 중국에서 서양으로 전해졌을 수도 있음을 입증한다. 그 여행은 로마 시대와 마르코 폴로가 살았던 시대 사이의 어느 한 시점에서 나침반이 유럽에 도입되었을 가능성을 뒷받침하고 있다. 만약 그렇다면 나침반은 중세 후기에 마르코 폴로와 그의 아버지와 삼촌이 거쳐갔던 것과 비슷한 경로를 통하여 다른 수많은 상품들과 함께 운반되었을 것이다.

그러나 우리는 왜 꼭 나침반이 중국에서 서양으로 전해졌다고 믿어야 하는 것일까? 가장 중요한 이유는 리슈화의 글에서 찾아볼 수 있다.

바일락^{Bailak}—아랍에서 나침반에 대하여 처음 언급한 저술가—의 책을 통하여 우리는 시리아 일대의 바다와 인도양에서는 북쪽보다 남쪽을 먼저 언급하는 것이 관행이었음을 알 수 있다. 바일락이 1242년 시리아 앞바다에서 보았던 나침반과 성 루이$^{Saint\ Louis:\ 프랑스\ 국왕\ 루이\ 9세의\ 별칭.\ 1214-1270}$ 치세$^{1226-1270}$의 프랑스 뱃사람들이 사용했던 나침반은 둘 다 액체 나침반, 즉 자침을 물에 띄운 형태의 나침반인데, 이것은 1116년경 구종석^{寇宗奭}이 지은 《본초연의^{本草衍義}》송나라 때 의서에 묘사된 나침반과 동일한 유형이다. 마찬가지로 바일락이 1282년에 설명한 나침반은 인도양에서 사용되었던 철제 물고기인데, 이것도 1040년 《무경총요》에 묘사된 나침반과 똑같은 유형이다.

줄잡아 147년이라면 (중국에 나침반이 존재했던 것이 분명한 1040년부터 네컴의 책이 출판된 1187년까지를 기준으로) 이 발명품이 중국에서 서양으로 전해지기에는 충분한 시간이었을 것이다. 나중에 마르코 폴로가 지나가게 되는 그 길을 통해 비단과 향료를 운반하던 대상들이 13세기 이전에 나침반도 가져갔을 가능성이 높다. 물론 이같은 주장이 확실한 것은 아니다. 중국의 나침반과는 별개로 유럽에서 나침반이 다시 발명되었을 가능성도 있기 때문이다. 그러나 자기 나침반을 제일 먼저 발명한 것은 중국인들이었다. 다만 13세기 유럽에서 이 장치가 선박의 필수 장비로 일반화될 때까지 중국인들은 그것을 항해에 이용하지 않았을 것이다. 마르코 폴로가 중국의 항해술에 대해 조목조목 자세히 설명하면서 자기 나침반에 대해서만은 전혀 언급하지 않은 것도 어쩌면 그 때문이었는지도 모른다.

마르코 폴로는 1324년 베네치아에서 숨을 거두었다. 오랫동안 사람들은 그의 이야기에 공상이 가미되었다고 믿었다. 그의 동포인 베네치아인들조차도 그에게 '밀리온Milion'이라는 별명을 붙여주었다. 걸핏하면 백만million이니 천만이니 하는 엄청난 숫자를 들먹인다는 뜻이었다. 《동방견문록》의 원제도 '밀리오네Milione' 였음. 베네치아에 가면 마르코 폴로가 여행에서 번 돈으로 사들인 집을 아직도 구경할 수 있다. 베네치아인들은 이 집에 '코르테 세콘다 델 밀리온'Corte Seconda del Milion: '밀리온의 두 번째 저택이라는 적절한 이름을 붙여놓았다.

전설에 따르면 사반세기에 걸친 여행을 마치고 집으로 돌아온 폴로 일가는 말없이 문을 두드리기만 했다. 구멍으로 밖을 내다본 하인들은 초라하고 헝클어진 행색의 세 남자가 서 있는 것을 발견했다. 하인들이 누구냐고 묻자 이런 대답이 돌아왔다.

"주인들이다."

당황한 하인들은 허둥지둥 그들을 맞아들였다. 그러자 폴로 일가의 세 사람은 옷의 안감을 뜯고 그 속에서 수많은 에메랄드와 루비와 다이아몬드를 좌르르 쏟아냈다.

마르코 폴로는 이처럼 온갖 전설에 둘러싸인 신비로운 인물이지만 그의 책은 본질적으로 사실에 입각한 것이었음이 차츰 밝혀졌다. 중국의 옛 기록 등을 연구한 결과, 마르코 폴로의 책에 실린 많은 이야기들이 사실로 확인되었다. 오늘날의 우리는 그가 방문했던 중국과 몽골 제국에 대한 묘사뿐만 아니라 그 여행 당시 동양의 각종 풍습과 생활 방식에 대한 묘사도 놀라울 정도로 정확했음을 알고 있다.

지중해의 해도 그리기
Charting the Mediterranean

중세 후기의 유럽에서는 나침반과 함께 해도와 항로 안내서도 제작되었다. 해도의 여백에는 깔끔한 풍배도를 그려 바다에서의 방위와 해도상의 방위가 일대일로 대응하도록 했다. 항로 안내서는 해도와 나침반을 이용하여 뱃사람들에게 항구에서 항구로 가는 가장 안전하고 능률적인 방법을 가르쳐주었다.

지중해의 항로 안내서들은 고대까지 거슬러 올라가는 오랜 역사를 가지고 있다. 지시문은 간단명료했다. 3세기의 항로 안내서 《대양 스타디아스무스 Stadiasmus of the Great Sea》는 크레타로 가는 방법을 이렇게 설명하고 있다.

카소스 Kasos에서 삼노니움 Samnonium까지 300스타디아. 그곳은 북쪽으로 길게 뻗어 있는 곳이다. 아테나 여신에게 봉헌된 신전이 있으며 물을 구할 수 있는 정박지가 있다.

1250년부터 1265년 사이의 이탈리아에서 두 가지 중요한 항해 도구가 발명되었다. 둘 다 이름없는 동일인이 만든 것으로 믿어지는데, 둘 다 '콤파소^{Compasso}'라고 불렸지만 나침반^{compass}은 아니었다. (다시 말하지만 이탈리아어로 나침반은 '부솔라'다.) 첫 번째 콤파소는 카르타^{carta}, 즉 지중해의 해도였고, 두 번째 콤파소는 포르톨라노^{portolano}, 즉 지중해에서 필요한 항해 지시문들을 모은 책이었다. 풍배도를 곁들여 새로 완성시킨 자기 나침반과 함께 뱃사람들이 사용했던 이 두 항해 도구는 세계의 항해술에 혁명적 변화를 가져왔다. 그로부터 7세기가 지난 뒤에는 그 혁명으로 인하여 세계 경제가 하나로 이어지게 되었다.

    해도는 지리학 분야에서 중세 시대가 남긴 중요한 업적이다. 육지와 바다를 그린 지도는 고대인들에게도 있었지만 그림이 너무 부정확하고 축척도 엉망이라서 진정한 의미의 해도라고 볼 수 없었다. 그러다가 풍배도 위에서 회전하며 실제 방위를 가리키는 자기 나침반이 등장한 후, 13세기와 14세기에 걸쳐 이 새로운 나침반과 함께 사용할 수 있는 훨씬 더 정확한 해도가 작성되었다. 이 해도는 여백에 나침반의 방위를 표시함으로써 그 두 가지 항해 도구를 함께 사용할 수 있도록 되어 있었다. 그리고 거기에 지중해의 모든 항구를 왕래하는 항해 방법을 정리한 책 포르톨라노가 가세했다.

    콤파소라고 부르는 해도와 포르톨라노는 둘 다 그것을 처음 만들었던 무명인의 작품을 좀더 개선하고 발전시킨 형태였다. 특히 베네치아의 알비세 카다 모스토$^{Alvise\ Ca'da\ Mosto}$가 1490년에 출판한 포르톨라노가 널리 이용되었다. 당시 이탈리아 항해사들이 이용하던 지중해의 항해 지시문들을 확충한 책이었다.

그리고 부정확했던 종전의 지중해 해도를 대신하여 훨씬 더 정확하고 비교적 올바른 축척으로 작성된 해도가 나타났는데, 그것이 바로 피사에서 발견된 (그리고 그곳에서 제작되었을 가능성이 높은) '카르타 피사나$^{Carta\ Pisana}$'였다. 현존하는 가장 오래된 해도인 '카르타 피사나'는 1275년경의 것으로 밝혀졌다. 이 해도는 지중해에 대한 해박한 지식을 과시할 뿐만 아니라, 해도 제작에 필요한 수학에 대해서도 놀라운 이해 수준을 보여준다. 다음에 실린 해도는 16풍향 체계를 사용하고 있다.

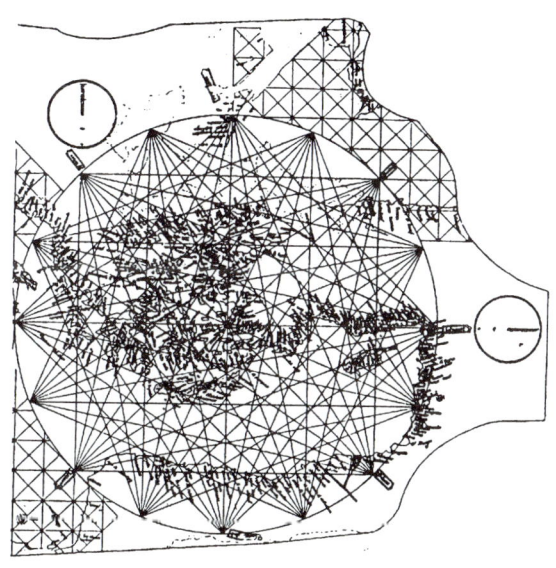

카르타 피사나

놀라울 정도로 정밀한 축척에 따라 그려진 '카르타 피사나'는 축척과 풍배도를 나타낸 범례도 갖추고 있다. '카르타 피사나'의 직선형 축척은 200마일(322킬로미터)의 거리를 4등분하여 각각 50마일이 되게 했고, 그 중의 두 선분을 다시 세분하여 10마일과 5마일 단위로 끊었다. 이 축척은 오늘날의 해도에서 볼 수 있듯이 가로선과 세로선을 모두 표시했다.

해도를 이용하여 항해하기 위해서는 복잡한 수학적 계산이 필요했다. 해도와 포르톨라노는 지중해 전역의 항구에서 항구로 가는 방법을 알려주었지만 항해사는 이 설명과 함께 나침반도 사용할 줄 알아야 했다. '카르타 피사나'는 나침반의 방위를 표시한 방식이 특히 흥미롭다. 지도상에 그려진 원의 중심에 16풍향을 나타내는 16개의 방사선을 그려놓았는데, 각각의 바람을 구분하기 쉽도록 제가끔 다른 색깔을 사용했다. 그리고 이 방사선들이 원주와 만나는 지점에서부터 원주를 4등분하는 선분들을 그려나갔다. 이 선분들은 지도상의 반대쪽에 연결되었다. 지도에 표시된 각각의 도시와 항구는 그 옆에 색칠한 깃발과 함께 통치자의 문장(紋章)을 그려넣어 구별했다.

그 뒤에도 정밀한 지중해 해도가 속속 등장했다. 14세기의 가장 유명한 지도 제작자는 페트루스 베스콘테$^{Petrus\ Vesconte}$였다. 그는 아드리아 해를 비롯한 지중해 각지의 해도를 전에 없이 정확하고 상세하게 제작했다. 베스콘테가 만든 해도의 또 다른 특징은 방위를 정확히 맞춰놓은 나침도(羅針圖 : 나침반의 중앙이나 해도에 그려넣는 원형 방위도)였다. 그래서 그의 해도는 나침반과 함께 효율적으로 사용할 수 있었다. 다음의 그림은 페트루스 베스콘테의 지도책(1318년)에 실린 해도와 나침도이다.

현존하는 13세기와 14세기의 해도에는 베스콘테의 지도책에 있는 것과 비슷한 나침도가 그려져 있다. 이같은 도면들을 보고 학자들은 그 시대에 이탈리아를 비롯한 유럽 각지에서 사용된 나침반의 풍배도가 모두 16방위 체계였을 것이라고 추론했다. 그 이후에 만들어진 유럽 나침반들은 16방위의 배수, 즉 32방위 또는 64방위 체계를 사용했다.

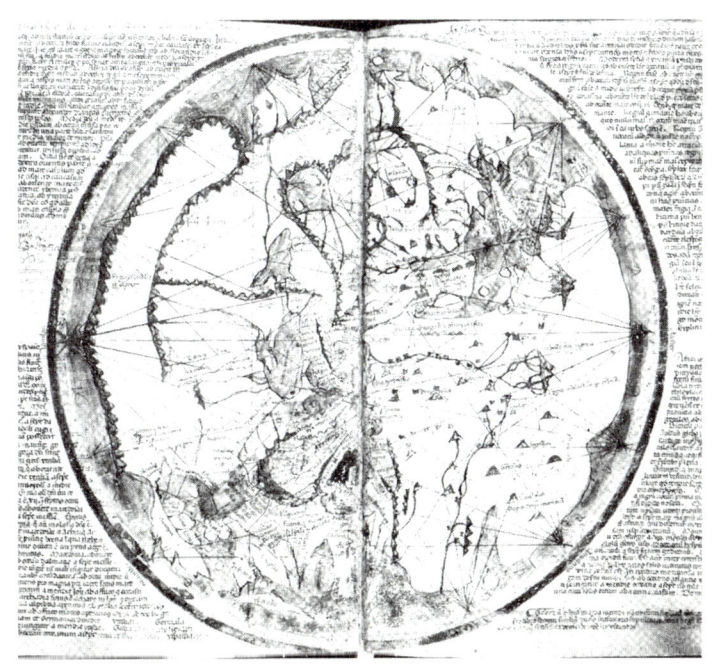

페트루스 베스콘테의 지도책에 실린 지도(1318년)
나침반의 16방위가 표시되어 있다. 영국 국립 도서관 소장

지도 제작법은 14세기 베네치아에서 크게 발달했다. 해도를 그리는 일은 과학인 동시에 예술이었다. 이 해도는 모두 손으로 그렸고, 항해사들이 관심을 가질 만한 세부적인 내용들을 빠짐없이 포함시켰다. 그리고 다시 일일이 손으로 베껴 항해사들에게 배포했다. 뱃사람들에게 우수한 해도는 가장 귀중한 소유물의 하나였다. 베스콘테에게는 재능 있는 후계자가 둘이나 있었는데, 바로 베네치아의 형제 마르코 피치가니$^{\text{Marco Pizzigani}}$와 프란체스코 피치가니$^{\text{Francesco Pizzigani}}$였다. 그들도 매우 정확한 지중해 해도를 제작했다.

13세기 말엽과 14세기의 기록 중에서 실종된 배들의 물품 목록을 살펴보면 당시 이 배들이 나침반이나 비상용 자철석과 함께 해도─세계 지도라는 뜻의 '마파문디^{mappamundi}'라고 부르기도 했다.─를 싣고 있었음을 확인할 수 있다. 해도와 항로 안내서, 그리고 우수한 나침반은 이 시대의 배들이 반드시 구비하는 일반적인 항해 장비가 되어 있었던 것이다.

1377년, 아랍 역사가 이븐 할둔$^{\text{Ibn Khaldūn: 최초로 비종교적인 역사철학을 발전시킨 아랍의 가장 위대한 역사가. 1332-1406}}$은 '콤파소^{Compasso}'라는 지도책 속에 지중해 연안의 모든 나라가 빠짐없이 수록되었다고 말했다. 각각의 지도는 양피지 한 장에 나침도와 함께 지중해 연안의 일부를 그려넣은 것이었다. 이 해도를 가리키는 아랍어는 이탈리아어에서 유래한 것이 분명한 '쿤바스^{Kunbâs}'였다.

지중해에서는 설령 추측 항법의 결점 때문에 배의 위치를 정확히 파악하지 못하더라도 크게 문제가 되지 않았다. 여기서는 배의 정확한 위치보다 배의 방향이 더 중요했는데, 그것을 알아내려면 나침반이 꼭 필요했다. 나침반이 발명된 후 지중해에서 일어난 직접적인 변화는 일년 내내 항해를 계속할 수 있게 된 것이었다.

13세기 말엽, 풍배도가 있는 자기 나침반이 유럽에 널리 보급되면서 겨울철마다 배를 뭍으로 끌어올리던 오랜 전통이 막을 내렸고, 베네치아를 필두로 지중해의 도시 국가들은 일년 내내 항해하는 새로운 관행을 잇따라 받아들였다. 제노바는 아예 법률을 개정하여 자국의 배들이 반드시 일년에 두 번씩 항해하도록 의무화했는데, 그중의 한 번은 한겨울인 2월에 항해를 시작하되 해외에서 체류하지 않도록 했다. 그러나 피사의 공증 기록을 보면 1280년대에는 이미 배들이 연중 아무 때나 지중해 횡단 항해를 떠났음을 알 수 있다.

지중해의 항풍들은 나침반 때문에 가능해진 겨울 항해의 이점을 더욱더 확대시켰다. 당시의 배들은 돛을 이용했으므로 바람에 의존해야 했기 때문이다. 원래 5월과 10월 사이에 이집트에서 이탈리아의 항구로 돌아오는 배들은 항풍인 북풍이나 북서풍 때문에 키프로스 또는 로도스 섬을 거쳐 우회해야 했다. 고대 로마의 곡물 운반선 이시스Isis 호 고대 그리스 작가 루키아노스Lucianos(120?-180?)의 작품에서, 알렉산드리아를 떠나 로마로 가다가 폭풍을 만나 그리스 해안으로 밀려간 배가 지나갔던 항로도 바로 그것이었다. 그러나 나침반이 등장한 뒤로는 상황이 완전히 달라졌다. 이집트에서 이탈리아로 돌아오는 항해에는 겨울 바람이 훨씬 더 유리했으므로 배들은 좀더 곧고 빠른 항로를 따라갈 수 있었다. 10월과

11월에 이집트 쪽에서 부는 항풍은 동풍이므로 베네치아와 피사와 제노바의 배들이 더욱 능률적으로 귀환할 수 있었던 것이다.

16세기 베네치아의 어느 배에서 작성된 항해 일지를 보면 그 배가 알렉산드리아에서 귀환할 때 크레타의 남쪽과 서쪽을 통과하는 직선 항로를 택했다는 것을 알 수 있다. 이 배는 1561년 10월 21일에 출발하여 베네치아로 돌아오다가 11월 7일에 코르푸 섬에 도착했다. 자기 나침반을 사용하기 전에는 어림도 없었던 항해 속도였다.

축척에 따라 그려진 상세한 해도, 모든 항구와 그 사이를 오가는 방법을 정리해놓은 훌륭한 항로 안내서, 그리고 나침반, 이 세 가지는 지중해에서 항해의 양상을 영원히 바꿔놓았다. 이같은 변화는 전례없는 발전을 가져다주었다. 해안과 내륙을 막론하고 지중해에 배를 띄우는 모든 나라의 교역량이 급증했던 것이다.

항해 혁명
A Nautical Revolution

새로운 해도 및 항로 안내서와 더불어 자기 나침반은 바야흐로 지중해 세계를 벗어나 다른 바다로 나아가는 탐험의 길도 열어주었다. '대탐험 시대'를 맞이하여 품질 좋은 나침반으로 무장한 뱃사람들은 세계 무역의 진정한 혁명을 일으켰다. 그 혁명이 세계를 변화시켰다.

지중해에서 첫선을 보인 후 1세기 이내에 나침반은 북유럽까지 전파되었다. 앞에서도 언급했듯이 고대 스칸디나비아의 뱃사람들은 자기 나침반도 없었던 기원후 10세기 이전에 벌써 아이슬란드까지 항해할 수 있었다. 그러나 자기 나침반이 북유럽 선박의 일반 장비로 자리매김한 14세기부터 북유럽의 항해는 질적으로 발전하고 양적으로 팽창하기 시작했다.

그러나 발트 해와 북해에서는 나침반이 지중해에서만큼 중요한 역할을 하지 못했다. 15세기에 마우로 수사Fra Mauro가 제작한 해도에는 독일어로 된 이런 설명문이 있다.

"이 바다에서는 나침반과 해도가 아니라 측심법에 의존하여 항해한다."

그렇다고 북유럽 사람들이 나침반을 몰랐던 것은 아니지만 그곳에서는 수심의 변화만 확인해도 충분히 항해할 수 있었던 것이다. 반면에 지중해와 대서양은 너무 깊기 때문에 일단 외해^{外海}로 나간 뒤에는 측심이 불가능하여 나침반이 더 유용했다. 그밖의 지역에서는 1449년까지도 측연선이 대단히 중요시되었는데, 그 해에 리스본으로 가던 단치히$^{Danzig:\ 현\ 폴란드의\ 항구\ 도시\ 그다니스크\ Gda'nsk의\ 독일명}$ 소속 선박의 경우가 한 증거다. 당시 이 배는 영국의 플리머스$^{Plymouth:\ 잉글랜드\ 남서부의\ 군항}$에서 항구에 억류되었는데, 몰래 도망칠 수 없도록 선장의 측연선을 압류해버렸다.

그러나 북유럽에서도 대륙붕을 벗어나 깊은 바다로 들어갈 때는 나침반이 매우 귀중한 항해 도구였다. 이를테면 에스파냐에서 영국이나 영국 해협 쪽으로 가는 항로가 그런 경우였다. 15세기에 편찬된 이 지역의 항로 안내서는 측심법과 나침반을 함께 이용하는 방법을 제시하고 있다. 다음은 그 책의 내용을 요약한 것이다.

에스파냐를 떠날 때 피니스테레 곶$^{Cape\ Finisterre\ :\ 에스파냐의\ 북서단}$에 이르면 북북동으로 향한다. 영국까지 3분의 2쯤 갔다고 판단될 때, 세번^{Severn} 강으로 가려면 측심이 가능한 깊이에 도달할 때까지 북동쪽으로 간다. 그리고 수심이 100길 또는 90길이 되었을 때 북쪽으로 가다가 다시 수심을 재어 72길이 되면 연회색 모래밭을 찾는다. 그것이 바로 클리어 곶^(Cape Clear: 아일랜드 남서쪽 클리어 섬의 서단부)과 실리 제도^(Isles of Scilly: 잉글랜드 남서쪽 근해의 섬 무리) 사이의 징검다리와 같은 곳이다. 거기서 다시 북쪽으로 가다가 측연선에 개흙이 묻어 나오면 동북동으로 진로를 돌린다.

이처럼 부분적으로 측연선을 활용하면서 나침반도 함께 이용해야 하는 또 하나의 바닷길은 영국과 아이슬란드 사이의 항로였다. 15세기에 영국에서 아이슬란드로 가는 배들은 항해 중 '바늘과 돌'을 사용했다고 한다. 그밖에도 여러 항해 지시문을 통하여 당시 해안이 가까울 때는 측연선을 이용했고, 배가 바다로 멀리 나간 뒤에는 나침반을 이용했음을 알 수 있다. 15세기에는 대서양의 어선들도 나침반을 사용하고 있었다.

그후 항해를 한 단계 더 발전시킨 사람들은 항해왕자 엔리케^(Henrique O Navegador: 포르투갈의 왕자. 영어명 'Henry the Navigator'. 1394-1460)가 이끄는 포르투갈인들이었다. 그들은 서아프리카 해안을 샅샅이 탐험했고, 15세기에 벌써 아조레스^(Azores) 제도를 식민지로 삼아 대서양 각지의 해안을 탐사했다. 그리고 지중해 동쪽 지역의 이슬람 제국을 우회하여 풍요로운 동양의 교역지로 가는 길을 찾으려 했다. 사그레스^(Sagres: 포르투갈 남서단의 곶)에는 항해왕자 엔리케가 세웠다고 전해지는 항해 학교가 있었는데, 그곳에서 매우 우수한 항해사 및 천문학자들이 육성되었다. 포르투갈인들은 이 학교에서 천체 관측을 통해 더욱더 발전된 항해 방법들을 개발했고, 그것은 위성 항법 장치^{GPS: 위성을 이용하여 지구상의 어떠한 위치라도 확인할 수 있는 시스템}가 등장하기 전까지 이용되었던 모든 현대 항해술의 기초가 되었다.

    에스파냐인들과 포르투갈인들은 자기 나침반이 널리 사용되기 시작한 후 몇 세기에 걸쳐 항해술 분야에서 매우 중요한 발전을 이룩했다. 천체를 관측하여 배의 위치를 계산할 때 그들은 육분의의 선조격인 천측반^{天測盤 : 원반형 관측 기구. 대개 황동으로 만들며 지름 15센티미터 안팎임}을 비롯한 각종 항해 도구와 함께 나침반도 이용했다. 물론 당시에는 우수한 시계를 구할 수 없었으므로 정확한 경도를 알아내기는 아직 불가능했다. 그러나 천측 항법에 대한 기본적인 지식과 나침반만 가지고도 에스파냐인들과 포르투갈인들은 유럽에서 멀리 떨어진 땅들을 탐험할 수 있었다. 나침반이 등장하면서 그들의 항해술은 눈부시게 발전했고, 결국 교황 알렉산데르 6세^{Alexander VI: 1431-1503(1492-1503 재위)}가 한 자오선을 기준으로 에스파냐와 포르투갈의 영역을 따로 정해주어야 했을 정도였다.^{1493년, 교황은 대서양의 카보베르데Cabo Verde 제도 서쪽 400킬로미터 지점을 경계선으로 서쪽은 에스파냐, 동쪽은 포르투갈이 차지하게 한다는 내용의 교서를 발표했다.}

    포르투갈인들의 새로운 항해술은 크리스토퍼 콜럼버스^{Christopher Columbus: 이탈리아의 탐험가. 1451?-1506}에게 자극제가 되었다. 콜럼버스 자신도 이 발전된 항해술을 이용해보려고 했지만 끝내 그 기술을 능숙하게 익히지 못했다. 신세계로 탐험 여행을 떠날 때마다 콜럼버스는 전적으로 자기 나침반에 의지하여 항해했다. 그가 배의 위치를 판단하는 데 사용했던 추측 항법은 다음과 같았다. 일정한 침로를 따라 배가 움직인 대략적인 속도에 시간을 곱하면 이미 알고 있는 기존의 위치로부터 이동한 거리가 나오는데, 이때 바람이 불어가는 쪽으로 배가 밀려간 거리를 감안하여 답을 수정했다. 이같은 계산을 통하여 그는 언제든지 대략적인 위치를 알아낼 수 있었다.

콜럼버스는 이렇게 간단한 추측 항법을 사용하는 데 탁월한 재능을 발휘했다. 천측 항법처럼 복잡한 방법을 쓰지 않고 그저 예전에 지나갔던 항로를 따라가는 방법만으로도 망망대해에서 수천 킬로미터를 가로질러 지난번에 도착했던 장소를 거뜬히 찾아갈 정도였다. 그 이후 대서양과 태평양 등을 항해한 다른 탐험가들은 좀더 발전된 항법을 이용했다. 그러나 만약 나침반이라는 결정적 요소가 없었다면 그 중의 어떤 방법도 쓸모가 없었을 것이다.

인도양의 상황은 또 달랐다. 거기서는 나침반이 다른 바다에서처럼 중요한 공헌을 하지 못했다. 인도양에서는 일정하게 불어오는 몬순monsoon: 특히 인도양에서 여름은 남서, 겨울은 북동에서 부는 계절풍 때문에 뱃사람들이 방향 감각을 유지할 수 있었기 때문이다. 하늘이 흐린 날에도 일정한 방향으로 부는 계절풍에 의지하면 그만이므로 굳이 나침반을 쓸 필요가 없었다. 더구나 인도양은 거의 언제나 하늘이 쾌청하여 지중해에서처럼 여름 항해와 겨울 항해의 차이가 뚜렷하지 않았다. 결국 인도와 아라비아 사이를 항해하는 뱃사람들에게는 방향을 유지하는 것이 별로 어려운 일이 아니었고, 따라서 그들은 지중해의 뱃사람들처럼 나침반에 크게 의존하지 않았다.

그리고 페르시아에서 잔지바르^{Zanzibar: 아프리카 동남 해안의 섬}로 가려면 남북 항로를 따라가야 하는데, 아랍 뱃사람들은 별들을 보고 방향과 위치를 판단하는 방법을 알고 있었으므로 여기서도 나침반의 중요성은 감소될 수밖에 없었다. 그리하여 유럽 탐험가들의 보고에 따르면 지중해에서 나침반이 일반화되고 한 세기가 지난 뒤에도 인도양의 배들은 나침반을 사용하지 않았다. 인도양에서는 방향을 잡는 데 나침반이 별로 필요하지 않았고, 게다가 별들의 고도를 측정하여 알아낸 위도 변화로 배의 위치를 추산할 수 있었으므로 추측 항법에 나침반을 이용하는 일도 없었다.

항해왕자 엔리케 시대의 포르투갈인들은 자국의 세력을 확장할 목적으로 여러 바다와 바다 사이의 새로운 교역로와 새로운 연결 지점을 찾는 데 집중적인 노력을 기울였다. 그리하여 그때까지 탐험되지 않았던 바다 곳곳을 누비며 수많은 영토를 차지했고, 이윽고 15세기 말엽에 이르러 가장 큰 성과 중의 하나를 거두었다. 그것은 아프리카 해안을 따라 남쪽으로 내려가다가 희망봉을 돌아 인도양에 들어선 후 북동쪽으로 계속 나아가 마침내 인도에 이르는 바닷길을 개척한 일이었다. 이 위대한 업적을 이룩한 사람은 1497년에 함대를 이끌고 포르투갈을 출발한 바스코 다 가마^{Vasco da Gama, 1460-1524}였다. 다 가마는 곧장 아프리카의 최남단을 향해 나아갔다. 치밀한 계획이 필요한 항해였고, 또한 그 이전의 항해가들이 아프리카 해안을 따라 항해하면서 축적한 다년간의 경험이 집약된 항해였다. 이 해역에 대해서는 이미 해도가 만들어진 뒤였고, 나침반에 의거한 방위도 자세히 기록되어 있었다. 다 가마의 능숙한 항해 기술과 기술적으로 완벽해진 각종 항해 도구 덕분에 여행은 성공적으로 끝났다.

다 가마의 이 항해에는 전례를 찾아볼 수 없을 만큼 엄청난 준비 과정이 소요되었다. 이 여행을 위해 따로 두 척의 배를 만들었는데, 바로 상가브리엘$^{São\ Gabriel}$호와 상라파엘$^{São\ Rafael}$ 호였다. 이 배들은 특별히 튼튼하게 제작하고 소형 대포까지 장착했다. 탐험을 위한 항해에서는 이례적인 일이었다. 당시 탐험에 이용되는 배들은 대부분 비무장이었기 때문이다. 그러나 다 가마의 배들은 종전에 비해 훨씬 더 멀리까지 갈 예정이었고, 그러기 위해서는 우호적인 지역을 벗어나 오랫동안 항해해야 하므로 일단 방어 무기를 갖추는 편이 현명하다고 판단했던 것이다.

다 가마의 함대에는 그밖에도 좀더 작은 배 두 척이 포함되어 있었다. 보급품을 운반하기 위한 저장선과 카라벨$^{caravel:\ 중세\ 후기에\ 지중해에서\ 사용하기\ 시작한\ 큰\ 삼각돛을\ 단\ 범선}$이었다. 선원들도 매우 신중하게 가려 뽑았다. 왕명에 따라 다 가마가 사령관으로 임명되었는데, 공적^{功績}이나 경험면에서 더 우수한 사람들을 무시하고 내려진 결정이었다. 다 가마는 함대를 지휘한 경력이 없었고, 공식적인 신분은 민간인이었다. 그러나 항해가로서는 유망했다. 수학을 잘했고, 대탐험 시대에 막 발전하기 시작한 과학적 항법, 즉 천체 관측을 바탕으로 배의 위치를 파악하는 새로운 방법도 잘 알고 있었기 때문이다.

항해는 당시 포르투갈인들에게 일상적인 항로가 되어 있던 모로코 해안을 따라 케이프베르데$^{Cape\ Verde}$ 제도까지 내려가는 것으로 시작되었다. 다 가마의 배들은 안개 때문에 흩어져 더러 손상을 입기도 했지만 선장들이 모두 유능한 항해가였으므로 나침반을 확인하면서 안개를 뚫고 무사히 케이프베르데 제도에 도착할 수 있었다. 그곳에서 다 가마는 망가진 돛들을 수선했고, 함대는 다시 남쪽으로 여행을 계속했다. 그들은 나침반을 따라 직선 코스로 160킬로미터를 항해하여 시에라리온$^{Sierra\ Leone}$ 근해의 한 곳에 도달했다.

시에라리온 부근의 위도상에서 다 가마는 전례도 없는 대담한 행동을 취했다. 대탐험 시대에도 다 가마 이전의 항해는 모두 아프리카 해안을 따라 남동쪽으로 내려갔었다. 그렇게 하는 것이 논리적인 선택이기도 했다. 기니 만을 지나서 가봉, 콩고, 앙골라의 해안선을 따라 내려가면 항해하는 동안 육지에서 너무 멀리 떨어지지 않아도 되기 때문이다. 그러나 그런 배들을 지휘해본 경험이 없는 다 가마는 전통에 얽매이지 않았다. 나침반이나 천체 관측에 의해 항해할 수 있는 자신의 능력과 본능을 믿고 그는 뜻밖의 결정을 내렸다. 서남서로 방향을 돌려 곧장 대서양 한복판으로 나아갔던 것이다.

그의 모험은 좋은 결과를 낳았다. 거기서 남동쪽으로 가려면 항풍 때문에 몹시 힘들고 지루한 항해를 각오해야 했다. 그러나 외해 쪽으로 방향을 바꾼 덕분에 다 가마는 순풍을 타고 능률적으로 남하하여 '아프리카의 뿔'$^{Horn\ of\ Africa:\ 아프리카\ 북동부의\ 속칭.\ 아덴\ 만을\ 사이에\ 두고\ 아라비아와\ 마주\ 보고\ 있는\ 에티오피아,\ 지부티,\ 소말리아를\ 포함하는\ 지역}$을 향해 나아갈 수 있었다. 다 가마의 이같은 항로는 그후 300년 동안 인도로 가는 대표적인 항로가 되었다. 그는 서경 24도 부근에서 적도에 이르렀고, 이때 남쪽에서 불어오는 무역풍을 만나 남남서로 진로를 바꾸었다. 그 덕분에 다시 바람을 적절히 이용하면서 신속하게 남쪽으로 이동할 수 있었다. 케이프베르데 제도에서부터 아프리카 최남단까지 가는 동안 다 가마의 함대는 3개월이 넘도록 육지를 보지 못했다. 당시 유럽의 배가 외해를 항해한 기록으로서는 단연 최장기 항해였다. 만약 자기 나침반을 능숙하게 활용하지 못했다면 망망대해에서 몇 번이나 방향을 바꿔가며 그렇게 장기간 항해한다는 것은 전혀 불가능한 일이었을 것이다.

포르투갈인들에게 아프리카 최남단은 이미 낯선 곳이 아니었다. 선배 탐험가 바르톨로뮤 디아스$^{Bartholomeu\ Dias\ :\ 1450?-1500}$가 1487년 포르투갈을 출발하여 아프리카 해안을 따라 내려간 적이 있었기 때문이다. 디아스는 포르투갈을 포함하여 유럽 어느 나라의 항해가도 일찍이 가보지 못했던 곳까지 남하했다. 결국 희망봉까지 갔던 것이다.

희망봉을 통과한 후 근방에서 물자를 보충한 다 가마는 이제 유럽인들이 전혀 알지 못하는 해역에 들어서게 되었다. 다 가마는 아프리카 최남단 근처의 폰돌란드$^{Pondoland:\ 남아프리카\ 공화국의\ 인도양\ 연안\ 지방}$ 근해에서 크리스마스를 맞이했다. 그는 자신이 발견한 땅에 나탈^{Natal}이라는 이름을 붙였다. 그리고 다시 바다로 나가 일주일간 항해했지만 바람에 밀려 되돌아왔다. 그리하여 뭍에서 1개월을 보낸 뒤 함대는 소팔라$^{Sofala:\ 모잠비크\ 중부의\ 한\ 주}$를 지났고, 순풍을 받으며 항해하여 6일만에 모잠비크 시에 접근할 수 있었다. 이 일대를 통과하는 동안

다 가마와 선원들은 자기들이 가져온 각종 의류와 물품 따위를 주고 식량과 물을 구했다. 그러나 동아프리카 해안을 따라 좀더 올라가자 그들의 물건에 관심을 갖는 사람들이 별로 없었다. 그곳 사람들은 인도 및 중국과의 교역을 통하여 화려한 비단이나 면직물, 도자기 등의 상품에 익숙해져 있었다. 그래서 선원들이 식량을 구하려고 내놓는 유럽의 조잡한 물건들은 성에 차지 않았던 것이다.

말린디^{Malindi: 케냐의 항구 도시}에서 다 가마는 노련한 아랍인 키잡이를 배에 태웠다. 수많은 항로 안내서와 지침서를 집필한 아흐마드 이븐 마지드^{Ahmād Ibn-Mādjid}였는데, 1498년 당시에는 이미 노인이었다. 이븐 마지드의 도움으로 다 가마는 인도양을 27일 만에 비교적 수월하게 건널 수 있었다. 포르투갈의 마누엘 1세^{Manuel I : 1469-1521(1495-1521 재위)}는 역사상 처음으로 포르투갈 함대를 이끌고 포르투갈에서 인도까지 갔다가 돌아온 다 가마의 위업을 기리기 위해 1499년 7월자로 소책자를 발간했다. 바닷길만 이용하여 유럽과 인도를 왕래할 수 있는 중요한 교역로가 새로 개통된 것이었다.

다 가마가 이 무렵에 유럽으로 돌아온 것은 시기적으로도 행운이었다. 주로 정치적인 일련의 사건으로 15세기 말엽에 향료 가격이 폭등했기 때문이다. 당시 베네치아, 제노바, 프랑스를 비롯한 유럽 각국은 동양으로부터 육로를 통해 공급되는 향료에 의존하고 있었다. 그런데 이제 그 교역로들이 차단되거나 아예 폐쇄되는 바람에 향료를 비롯한 동양의 상품들이 품귀 현상을 빚었다. 그리하여 머지 않아 유럽 전체가 다 가마의 업적이 지닌 중요성을 알아차리고 그것이 세계 무역에 어떤 변화를 가져올 수 있는지를 깨닫게 되었다.

1499년 당시 베네치아의 리알토 시장에서 후추 1헌드레드웨이트hundredweight: 무게의 단위. 100파운드(45.36킬로그램)의 가격은 80더커트ducat: 옛날 유럽 대륙에서 사용한 금화 또는 은화였다. 그러나 인도에서는 동일한 분량이 3더커트에 불과했다. 후추 말고도 여러 상품이 그렇게 엄청난 가격 차이를 보였으므로 유럽과 동양이 직접 거래할 수 있는 해상 교역로가 절실히 필요한 상황이었다. 그리하여 다 가마가 유럽으로 귀환한 후 1년이 지나기 전에 13척으로 이루어진 함대가 포르투갈을 떠나 인도로 향했다. 함대의 일부는 포르투갈 왕실 소유였고 또 일부는 포르투갈 및 피렌체 상인들의 조합이 소유하고 있었다. 페드루 알바레스 카브랄Pedro Alvares Cabral: 1500년 브라질을 발견한 포르투갈 항해가. 1467?-1520?이 지휘를 맡았다. 카브랄은 대서양에서 폭풍을 만나 배 6척을 잃었지만 결국 인도에 도착할 수 있었다. 그의 항해는 다 가마가 개척한 방법대로 아프리카 최남단을 거쳐 인도로 가는 바닷길을 이용하는 향료 무역이 얼마나 큰 이익을 가져다주는지를 확실히 입증해주었다.

그후 포르투갈을 비롯한 유럽 각국은 동쪽으로 더 멀리까지 진출했다. 1508년, 디에구 로페스 데 세키에라Diego Lopez de Sequiera: 포르투갈 항해가가 말라카Malacca: 말레이시아의 항구 도시에 상륙했다. 1505년, 이탈리아 항해가 로도비코 디 바르테마Lodovico di Varthema가 마르코 폴로의 발자취를 따라서 말라카 해협을 지나 수마트라와 몰루카 제도Moluccas: 인도네시아의 섬 무리. 정향과 육두구가 많아 일명 '향료 제도'로 알려짐까지 갔다. 유럽인들은 말라카와 자바 등지에 근거지를 마련하여 자국의 배에 물자를 공급하고 각종 상품을 저장하거나 유럽으로 운반했다. 포르투갈인들은 중국 해안의 마카오^{Macao}에도 기지를 설치했다. 이곳은 최근^{1999년 12월}까지 포르투갈의 식민지였다가 중국에 반환되었다.

다 가마가 인도로 간 때와 같은 시기, 항해를 좋아했던 피렌체 상인 아메리고 베스푸치^{Amerigo Vespucci: 1454-1512}가 콜럼버스의 뒤를 이어 두 차례에 걸쳐 아메리카 대륙으로 항해했다. 그 중의 한 번은 포르투갈인들을 위해서였고, 또 한 번은 에스파냐 국왕을 위해서였다. 중앙 아메리카와 카리브 해를 거쳐 1500년에 돌아온 그는 에스파냐의 수석 항해사가 되었다. 에스파냐와 포르투갈은 바닷길 탐사를 아메리카 대륙까지 확대하여 황금과 진주를 비롯한 귀중품들을 찾아 다녔다. 이 무렵 유럽에서는 인도행 항해가 아시아와의 주요 교역로로 정착되고 있었다.

대탐험 시대를 통틀어 가장 야심적인 여행이 시작된 것은 페르디난드 마젤란^{Ferdinand Magellan: 1480-1521}이 5척의 배를 가지고 카디스^{Cádiz: 에스파냐의 항구 도시}를 출발했던 1519년이었다. 마젤란은 포르투갈인이었지만 에스파냐의 깃발 아래 항해했다.^{당시 포르투갈 국적을 포기했음.} 그는 주로 포르투갈인 장교들을 선택했지만 선원들은 국적이 모두 제각각이었다. 마젤란은 계획대로 남하하여 케이프베르데 제도에 이르렀다. 함대는 그곳에서 대서양을 건너 브라질에 도착했는데, 이때 마젤란이 선택한 항로에 대해 다툼이 벌어져 선장 한 명을 해임시켰다. 선원들은 라플라타 강^{Río de la Plata: 우루과이와 아르헨티나 사이의 강으로, 하구가}

매우 넓어(220킬로미터) 마젤란이 처음에 해협으로 오인했던 곳의 하구를 탐사한 후 다시 남하하여 파타고니아^{Patagonia: 아르헨티나 남부의 고원 지대}에서 겨울을 났다. 여기서 에스파냐인 장교들의 주동으로 일부 선원들이 반란을 일으켰다. 마젤란은 함대를 다시 장악하고 반란자들을 처단했다.

파타고니아 일대는 마젤란이 전혀 모르는 해역이었으므로 자신의 항해술과 나침반, 그리고 하늘의 별들에 의존할 수밖에 없었다. 현존하는 항해 기록을 살펴보면 마젤란이 대단히 정확하게 위도를 계산했으며, 진로를 선택하는 능력도 매우 뛰어났음을 알 수 있다. 심지어는 경도까지도 놀라울 정도로 실제에 가깝게 추산해냈다. 그의 선원들은 밤하늘을 관측하여 꼼꼼히 기록했는데, 하늘이 맑은 밤이면 두 개의 흐릿한 물체를 볼 수 있었다. 유럽인으로서는 그들이 처음 보았던 그것이 바로 오늘날 대소^{大小} 마젤란 성운이라고 부르는 천체로, 지구가 속한 은하계의 두 위성 은하였다.

그들이 남대서양에서 태평양으로 건너갈 때 통과했던 마젤란 해협^{남아메리카 남단의 티에라델푸에고Tierra del Fuego 군도와 대륙 본토 사이의 구불구불한 해협}은 지구상에서 가장 위험한 바닷길이라고 해도 과언이 아니다. 매서운 폭풍이 몰아치고 예측할 수도 없는 세찬 해류가 흐르는 곳이기 때문이다. 해협의 동쪽 입구는 양옆에 나지막한 초원이 있어 자못 평화로워보인다. 그러나 동쪽 끝에서 서쪽 끝까지 장장 310해리^{1해리는 약 1.85킬로미터}에 달하는 이 해협에 들어서면 곧 상황이 돌변한다. 해협의 서쪽 부분은 비좁은 협만^{峽灣 : 바닷물이 내륙 깊숙이 들어와 형성된 너비가 좁고 긴 만. '피오르드'}으로, 얼음에 덮인 높은 산들 사이로 깊은 통로가 뚫려 있다. 바로 이곳에 대자연의 힘이 집중되어 사납게 배를 흔들어댄다. 서쪽에서 불어오는 항풍이 남아메리카 대륙의 서쪽 가장자리에 솟구친 산맥을 돌아 휘몰아치고, 곳에 따라 너비 3.2킬로미터에 불과한 이 수로는 폭풍에 시달리며 미쳐 날뛰는 바다가 된다. 더구나 해협을 벗어나기 전에는 뱃사람들이 숨을 만한 피난처도 전혀 없다. 모진 바람에 격렬한 해류까지 가세한다. 남아메리카 해안을 따라 흐르던 물이 대륙의 끄트머리인 이곳에 모여들어 가마솥처럼 마구 들끓는 것이다. 뱃사람들에게는 마젤란 해협을 통과한 것이 아마도 한평생 가장 아찔했던 경험일 것이다. 그러므로 마젤란의 범선들이 그곳을 무사히 통과했다는 사실은 그 자체만으로도 놀라운 위업이 아닐 수 없다.

   마젤란 함대는 해협에 진입하기 전에 물자를 보충할 기회가 별로 없었다. 대륙의 동해안에서 원주민들로부터 얻은 물은 염분이 너무 많아 수질이 안 좋았고, 물고기와 바닷새 따위로 그럭저럭 식량을 마련했지만 그나마도 넉넉치 않은 형편이었다. 그런데 함대가 해협에 들어설 때 일부 장교들이 변심했다. 산안토니오^{San Antonio} 호의 선장과 선원들이 반란을 일으켜 에스파냐로 돌아가버린 것이었다. 그러나 마젤란은 나머지 배들을 이끌고 계속 전진하여 38일 만에 해협을 벗어났다. 마젤란 이후의 탐험대는 이 해협을 통과하여 대서양에서 태평양으로 건너가는 데 꼬박 몇 달씩 걸리는 일도 드물지 않았다. 그러나 마젤란과 같은 16세기에 프랜시스 드레이크 경^{Sir Francis Drake: 영국의 해군제독. 1577-80년 세계 일주 항해에 성공. 1540?-1596}은 겨우 16일 만에 마젤란 해협을 통과하여 범선으로서는 최단 기록을 세우기도 했다.

마젤란은 남태평양을 향해 대포를 발사하여 자신의 함대가 거둔 성과를 자축했다. 그리고 끝없이 펼쳐진 태평양을 바라보았다. 지구상에 존재하는 육지 전체와 맞먹는 넓이를 가진 바다였다. 그때부터 거의 4개월 동안 마젤란과 선원들이 볼 수 있었던 육지는 두 개의 무인도가 전부였다. 이윽고 그들은 괌 섬에 상륙했다. 모두 굶주림으로 초죽음이 되어 있었다. 쥐를 잡아먹고 물에 불린 나무 조각을 씹으며 역사상 가장 긴 항해에서 간신히 살아남은 것이었다.

항해 중에 마젤란은 거의 전적으로 자기 나침반에 의존했다. 마젤란 해협을 빠져나온 뒤에는 우선 북북서로 진로를 잡고 칠레 해안을 따라 올라갔다. 현존하는 항해 일지에 따르면 남위 20도 부근에서 마젤란은 북서쪽으로 진로를 변경하여 남동 무역풍을 이용했다. 그리고 남위 15도 부근에서 서쪽으로 진로를 변경했다. 그러다가 다시 북서쪽으로 진로를 돌려 서경 154도쯤에서 적도를 통과했다. 이윽고 북위 12도 부근에 이르러 서쪽으로 진로를 바꿨고, 그때부터 괌에 도착할 때까지 그 방향을 유지했다. 나침반과 천체 관측을 이용한 마젤란의 능숙한 항해 솜씨는 곧 훌륭한 항해가라면 설령 정확한 경도를 모르더라도 망망대해에서 아주 먼 거리를 거뜬히 횡단할 수 있다는 증거이다.

함대는 곧이어 마리아나 제도^{Mariana Islands}를 거쳐 필리핀으로 향했다. 그런데 필리핀에서 마젤란은 현지 정치판에 말려들어 두 우두머리 중에서 어느 한쪽을 편드는 실책을 저질렀다. 그로 인해 싸움이 벌어졌고, 결국 마젤란은 필리핀 어느 섬의 해변에서 살해되고 말았다. 나머지 선원들은 계속 서쪽으로 나아가 1521년 11월 몰루카 제도에 도착했다. 바스크 지방 출신의 세바스티안 델 카노Sebastian del Cano 선장이 마젤란 함대에서 마지막으로 남은 빅토리아 호를 지휘하여 인도양을 향해 서쪽으로 항해했다. 그리고 인도양에서는 아프리카 해안을 따라 남하했는데, 이때 희망봉을 지나가려고 했지만 몇 주 동안 실패만 거듭했다.

  델 카노는 선원이었다가 선장으로 올라섰기 때문에 마젤란과 같은 항해술을 익히지 못했다. 그래서 에스파냐로 돌아가는 길에 최선과는 거리가 먼 항로를 선택하여 많은 시간을 낭비했다. 1522년 5월 초, 빅토리아 호는 마침내 희망봉을 통과했다. 그러나 선원들은 굶주림과 괴혈병으로 빈사 상태에 빠져 있었다. 케이프베르데 제도에 들렀을 때 그들은 동양에서 가져온 향료를 쌀과 바꿔 굶주림을 해결했다. 그리고 아조레스 제도를 거쳐 1522년 9월 초에 드디어 에스파냐에 도착할 수 있었다. 3년 전 에스파냐에서 출발했던 200여 명 중에서 생존자는 겨우 15명이었고, 그나마도 굶주림에 지치고 쇠약해진 사람들뿐이었다. 그러나 그들은 사상 최초로 세계일주에 성공한 사람들이었다.

  마젤란은 유럽 뱃사람들이 이미 다녀왔던 태평양의 여러 열도를 포함한 세계 각지의 해도를 지니고 있었다. 그렇게 알려진 장소들을 길잡이로 삼아 진로를 선택했던 것이다. 그가 망망대해에서 그토록 먼 거리를 항해하는 데 성공한 것은 나침반을 이용하여 머나먼 목적지로 가는 항로를 잘 선택할 수 있었기 덕분이었다. 어쩌다가 운좋게 미지의 장소에 도착한 것이 아니었다. 마젤란이 시작한 항해를 델 카노가 매듭지은 후 에스파냐의 지도 제작자들은 세계의 많은 지역을 지도로 작성할 수 있었는데, 이 또한 그 비참한 항해가 이룩한 위대한 업적 중의 하나였다. 16세기 후반의 프랜시스 드레이크 경도 이 새로운 세계 지도를 이용하여 항해했다.

마젤란이 달성한 위업의 여파로 에스파냐와 포르투갈의 대립은 더욱더 심화되었다. 그들은 인도양을 비롯한 여러 지역의 섬이나 기타 장소들에 대해 서로 주권을 주장했다. 그러나 두 해양 국가는 협상을 계속했고, 그러한 대화의 한 결과로 에스파냐는 포르투갈 지도 제작자들의 뛰어난 솜씨를 많이 빌릴 수 있었다. 에스파냐 정부는 그렇게 자국 뱃사람들의 항해술을 향상시켜 더 능률적으로 바다를 건널 수 있게 했다. 1525년, 마젤란의 세계일주를 되풀이해보기 위해 함대를 파견할 때 델 카노도 배 한 척을 지휘하게 되었다. 그러나 그는 바다에서 죽음을 맞이했고 탐험대의 배들도 대부분 실종되고 말았다. 그리고 1529년, 에스파냐는 몰루카 제도에 대한 권리를 포르투갈에 팔아버렸고, 에스파냐와 포르투갈의 세력권에 포함된 다른 지역들에 대해서도 양국간의 경계선이 정해졌다.

빅토리아 호가 에스파냐에 도착한 것은 대탐험 시대의 가장 위대한 업적을 매듭짓는 상징적 사건이었다. 서양의 뱃사람들은 이 시기에 비로소 전세계의 주요 바다를 빠짐없이 모두 알게 되었고, 마젤란의 세계 일주는 지구가 둥글다는 사실을 확실히 증명했다. 15세기 말과 16세기 초의 항해가들은 또한 수평선 위에 떠 있는 별들의 고도를 측정하는 천측반과 함께 나침반을 이용하는 정확한 항해술만 있으면 바다가 제아무리 넓어도 얼마든지 건널 수 있다는 것을 보여주었다.

17세기에는 혼 곶$^{Cape\ Horn:\ 남아메리카\ 남단\ 티에라델푸에고\ 군도\ 남부의\ 혼\ 섬에\ 있는\ 가파른\ 바위\ 곶}$을 거쳐 항해하던 네덜란드 뱃사람들이 오스트레일리아 대륙을 발견했고, 18세기에는 베링$^{Bering:\ 러시아의\ 항해가,\ 1681-1741}$이 태평양에서 북극해로 들어가는 통로를 발견했다. 그리고 제임스 쿡$^{James\ Cook:\ 영국\ 항해가,\ 1728-1779}$ 선장은 뉴질랜드 연안을 한 바퀴 돌았고, 하와이를 발견했고, 알래스카를 통해 태평양에서 대서양으로 건너가는 통로를 찾으려고 노력하기도 했다.$^{태평양과\ 대서양\ 사이의\ 통로는\ 캐나다\ 북부\ 해안과\ 그린란드\ 사이를\ 지나는\ 북서\ 항로와\ 유라시아\ 북부\ 해안의\ 북동\ 항로가\ 있으나\ 쿡은\ 둘\ 다\ 발견하지\ 못했음.}$

쿡 선장은 자기 나침반의 작용에 대한 우리의 이해력을 높이는 데 크게 공헌하고 아울러 자신도 여러 차례의 탐험 여행에서 나침반을 이용함으로써 엄청난 혜택을 누린 최후의 위대한 항해가였다. 쿡은 자기 나침반의 편각을 과학적으로 연구했다. 자신이 항해하는 지역에서 나침반이 가리키는 방향과 천체 관측을 통해 계산한 결과를 비교하여 자기 편각을 광범위하게 측정했던 것이다. 그의 이같은 작업 덕분에 지구상에서 지역에 따라 달라지는 자기 편각을 지도에 정확히 표시할 수 있었다. 항해술 분야에서 쿡 선장이 이룩한 위대한 업적은 곧 자기 나침반이 이루어낸 성공의 절정이기도 했다.

맺음말
Conclusion

나는 아말피 문화 역사 센터의 커다란 책상 위에 잔뜩 쌓여 있는 낡은 먼지투성이 책들에서 눈을 떼고 고개를 들었다. 벌써 여러 시간째 그곳에 앉아 있었기 때문에 눈도 침침하고 몹시 피곤했다. 그러나 내 마음의 눈에는 어느덧 나침반이 세계사에서 담당했던 역할이 점점 뚜렷하게 들어왔다. 그 탁월한 발명품이 드디어 수많은 비밀을 나에게 가르쳐주기 시작한 것이었다.

자기 나침반에 얽힌 이야기를 통하여 우리는 어떤 발명품이 적재적소에 등장하게 되면 전세계를 바꿔놓을 수도 있다는 것을 알 수 있다. 위대한 발명품이 아주 오랫동안 동면하거나 이차적인 용도로만 사용되는 경우도 있다. 그러나 일단 적절한 사람들에게 발견되기만 하면—즉, 상상력과 진취적 정신을 가진 사람들을 만나게 되면—갑자기 그 진가를 십분 발휘하게 된다. 그때 이 발명품은 인류의 삶을 송두리째 변화시킨다.

나침반은 고대 중국에서 발명되었다. 그러나 그 즉시 항해술을 향상시키지는 못했고, 다만 풍수학에 이용되었을 뿐이었다. 나침반과 화약은 중국이 만들어낸 가장 위대한 발명품이지만 그 잠재력을 제대로 활용한 사람들은 그것을 발명한 중국인들이 아니라 유럽인들이었다. 나침반의 용도는 생산적이었고 화약의 용도는 파괴적이었다. 중국은 애당초 나침반 같은 발명품을 충분히 발전시켜 활용하거나 그에 대한 지식을 널리 전파할 수 있는 나라가 아니었는지도 모른다. 이 말을 뒷받침하는 한 예를 현대에서 찾아본다면 말라리아와의 싸움에 얽힌 사연을 들 수 있다.

최근에 와서 퀴닌quinine: 말라리아 치료에 주로 사용되는 킹코나류의 수피樹皮에서 얻는 가장 중요한 알칼로이드. '키니네'의 약효가 크게 줄어들었는데, 그것은 말라리아를 일으키는 기생충이 이 전통적인 치료제에 대한 내성을 갖게 되었기 때문이었다. 그러나 중국에서는 이미 말라리아에 대한 식물성 치료제가 수백 년째 전해지고 있었다. 나침반의 경우처럼 이 치료제의 발견도 비밀로 간주되었던 것이다. 그러다가 1990년대가 되어서야 비로소 서구에서도 중국 쪽의 불분명한 경로를 통해 정보를 확보하여 그 약의 화학적 성분을 확인할 수 있었다. 알고 보니 이 약품을 추출할 수 있는 식물은 미국을 비롯한 서구 각국에도 널리 자생하고 있었다. 그리하여 마침내 말라리아에 대항하는 범세계적인 싸움에 승리의 서광이 비치기 시작했다.

12세기 말에 이르러 자기 나침반이 널리 알려지면서 비로소 이 발명품이 항해에 이용되어 최대의 이익을 낳을 수 있는 기반이 마련되었다. 때마침 이 시기의 유럽에는 나침반을 적극적으로 활용할 수 있는, 그리고 항해 중에 더욱더 효율적으로 사용할 수 있게 남쪽과 북쪽만이 아니라 모든 방향을 알려주도록 개량할 수 있는 해양 세력이 존재하고 있었다. 그것이 바로 해양 도시 국가 아말피였다. 비록 국제 무대에서 변화를 일으킬 만한 힘을 가졌던 시기는 아주 짧았지만 아말피는 결국 그렇게 엄청난 일을 해내고야 말았던 것이다.

그러나 곧 세력의 변화가 일어났고, 새로 개선된 자기 나침반을 처음으로 한껏 활용한 사람들은 베네치아인들이었다. 그들은 그 유명한 함대를 이끌고 지중해에서의 항해를 새로운 차원으로 끌어올렸다. 탁월한 조선造船 시설 아스널을 갖고 있던 베네치아는 대형 선박을 건조할 수 있었다. 새로운 발명품 나침반은 조선 기술을 더욱더 유용하게 만들어주었다. 겨울에도 항해가 가능하고 언제나 목적지를 정확히 찾아갈 수 있지 않았다면 로카포르테 호 같은 대형 선박은 별로 쓸모가 없었을 것이다.

나침반을 만들어낸 기술 혁명은 곧 해도와 항로 안내서를 발달시켰고, 이같은 발전을 바탕으로 대형 선박이 건조되고 항해가 빈번해지면서 눈부신 번영이 찾아왔다. 베네치아가 바다의 여왕이 될 수 있었던 것은 당대의 필요에 맞춰 옛것을 발전시킨 덕분이었다.

세계 개발의 다음 단계는 대탐험 시대였다. 콜럼버스, 다 가마, 마젤란 등등 에스파냐와 포르투갈의 항해가들은 세계 각지의 바다를 정복함으로써 그들의 항해 이전에는 접근할 수 없었던 땅으로 가는 새로운 교역로를 열어주었다. 자기 나침반이 항해 도구로 가장 많이 사용된 것도 바로 이때였는데, 당시에는 나침반만 사용하는 경우도 많았다. 이 용감한 뱃사람들은 대서양과 태평양의 해도를 구할 수 없었다. 바다의 깊이도 알 수 없었고, 해안이나 섬, 만 따위에 대해서도 거의 알지 못했다. 드넓은 바다에서 선장들은 그저 자기 나침반에 떠 있는 풍배도와 천체 관측에만 의존하는 수밖에 없었다.

나침반이 있었기에 뱃사람들은 바다를 탐사하여 해도를 만들 수 있었고, 또한 세계 일주를 가능케 하는 여러 항로를 개척할 수 있었다. 우리가 지금까지 이용하고 있는 이 항로들은 세계 각국의 경제를 서로서로 연결해주는 역할을 한다. 오늘날 동양의 수많은 상품들을 가득 싣고 태평양을 건너는 배들도 일찍이 마젤란이 썼던 것과 크게 다르지 않은 나침반을 사용하고 있다. 다만 요즘은 대개 전기로 작동하는 나침반, 즉 회전 나침반$^{gyrocompass:\ 고속으로\ 회전하는\ 팽이를\ 이용한\ 방위측정장치}$이라는 점이 다를 뿐이다. 비록 의식하는 일은 드물지만 우리는 바다 건너 중국을 비롯한 먼 나라에서 온 다양한 제품들을 일상적으로 사용하고 있다. 나침반은 지금도 그렇게 세계를 하나로 이어주고 있는 것이다.

나침반이라는 발명품이 뿌리를 내리고 항해에 적용되기까지 세계는 여러 세기를 기다려야 했다. 그러나 어떤 기술이 오랫동안 묻혀 있는 일은 지금도 되풀이되고 있다. 35년 전, 나는 아버지와 함께 스크루선 테오도르 헤르츨$^{Theodor\ Herzl}$ 호를 타고 대서양을 건너다가 태풍을 만나게 되었다. 배가 태풍의 눈에 가까워질수록 바람은 더 거세지고 파도는 더 높이 날뛰었다. 그러나 아버지가 가지고 있던 놀라운 기술의 제품 덕분에 최악의 지점은 피할 수 있었다. 아버지의 해도실海圖室에는 잿빛 기계 한 대가 있었다. 아버지가 단추 하나를 누르자 전송된 기상 보고서가 찍혀 나오기 시작했다. 우리가 지켜보는 앞에서 푸르스름한 종이 한 장이 천천히 나타났다. 무수히 많은 점들이 곡선이나 숫자를 그려내고 있었는데, 그것은 태풍의 대략적인 위치와 강도를 표시한 지도였다. 그렇게 우리에게 최신 기상 정보를 제공해준 이 기계가 바로 오늘날 팩스머신이라고 부르는 기계의 첫 모델이었다. 그러나 이 기계는 여러 해 동안 선원이나 항해사들에게 기상도를 전송하는 데만 이용되었다. 이 발명품이 상업적으로 널리 보급된 것은 비교적 최근의 일이다. 팩스가 처음으로 인기를 끌기 시작했을 때 얼마나 큰 화제가 되었는지 지금도 기억이 생생하다. ("식당에서 사무실로 차림표를 전송할 수 있다니 정말 놀랍지 않아요?")

그밖에도 복사기, 인터넷, 컬러 텔레비전, 휴대폰 등이 모두 몇십 년 더 일찍 대중화될 수도 있었던 물건들이다. 그런 발명품을 생산하고 이용하는 데 필요한 기술은 이미 오래 전에 개발되어 있었기 때문이다. 인터넷은 1960년대의 대학과 군에서 여러 대의 컴퓨터를 연결시켜 네트워크를 구성한 것이 시초였다. 휴대폰도 몇몇 개인은 오래 전부터 사용했고, 복사기도 20세기 초반에 일찌감치 만들어졌다. 컬러 텔레비전이 발명된 것은 1929년이었다. 이같은 사례는 끝없이 많다. 그래서 사람들의 필요에 따라 어떤 기술이 개발되는 것이 아니라 일단 기술이 개발되고 오랜 시간이 흐른 후 사람들이 그 기술의 필요성을 발견하게 되는 것이 오히려 자연의 법칙인 것처럼 느껴진다. 새로운 기술 하나가 완성되기 위해서는 시기와 장소가 모두 적당해야 한다. 그러나 조건이 무르익기만 하면 그 기술은 곧 우리의 삶을 바꿔놓을 수도 있다.

자기 나침반은 바퀴 이후 처음으로 세계를 다시 변화시킨 기술적 발명품이었다. 고대 중국에서 탄생하여 중세를 거쳐 우리 시대에 이르기까지 나침반은 계속 사용되고 또 개량되었다. 오늘날에도 전자 나침반이 선박과 항공기에서 가장 중요한 운항 도구의 자리를 고수하고 있다. 물론 요즘은 육분의로 천체를 관측하는 대신에 위성 항법 장치^{GPS}를 이용한다.

기록 보관인이 온화한 미소와 함께 말했다.
"이제야 끝내셨군요."
나는 눈을 비비며 그를 쳐다보았다.
"네. 하지만 나침반을 발명한 플라비오 조이아가 실존 인물이었는지 아닌지는 아직도 잘 모르겠어요."
그러자 그는 다 이해한다는 듯이 말했다.
"모든 것이 사라진 쉼표 하나에 달려 있죠."
그는 자기가 관리하는 그 많은 고서들을 한 자도 빠뜨리지 않고 모조리 읽은 것이 분명했다.
"그럼 교수님, 이제부터는 혼자 힘으로 찾아보셔야 합니다. 행운을 빌어드리죠."

나는 자리에서 일어나 그에게 악수를 청했다. 그리고 내가 아말피에 머무는 동안 그가 베풀어준 모든 도움에 대해 감사를 표시했다. 그를 다시 보고 싶을 거라는 생각이 들었다. 이윽고 나는 중앙 광장으로 나갔다.

동상 앞에서 걸음을 멈추었다. 대좌 위에 아름다운 꽃들이 놓여 있었다. '플라비오 조이아가 누구였든 간에 이곳 사람들은 그를 정말 존경하고 있구나.' 관광객들을 태운 버스가 도착했다. 한 무리의 나그네들이 동상 주위로 몰려들었다. 그들은 한동안 그곳에 모여 이탈리아어로 된 명문銘文을 해독하려고 노력했다. 이윽고 모두 그 자리를 떠날 때 일행 중의 한 명이 말했다.

"저 사람이 나침반을 발명했대."

나는 동상을 올려다보며 생각했다. '플라비오 조이아, 당신이 실존 인물이었다면 말이지만, 당신의 발명품이 이 세상에 얼마나 큰 영향을 미쳤는지 아마 당신도 잘 모를 겁니다.'

| 옮긴이의 말 |

 미지의 세계로 떠나는 '여행'—이 말을 듣고 마음 설레지 않는 사람이 있을까? 바다로 가든 산으로 가든, 익숙한 풍경을 벗어나서 내가 아직 가보지 못한 곳을 찾는다는 것은 난이도와 상관없이 언제나 모험이다. 그러나 그 여행을 위해 목숨을 걸어야 한다면?
 이 책은 인류가 미지의 세계로 떠날 때 믿음직한 길잡이가 되어주었던 나침반에 대하여 모든 것을 이야기한다.

 아미르 악셀Amir D. Aczel은 과학 저술의 모범 답안을 보여주는 글쟁이다. 제아무리 딱딱한 주제라도 그가 주무르기만 하면 어느새 적당히 말랑말랑해져 누구나 쉽게 이해할 수 있기 때문이다. 적잖은 그림과 사진, 지도가 실려 있으니 금상첨화다.
 엄지 손톱만한 나침반도 흔히 볼 수 있는 이 시대에 나침반의 위력을 상상하거나 실감하기란 쉬운 일이 아니다. 그러나 이 책에 담긴 이야기들을 찬찬히 읽고 있노라면 역사상 나침반이 있어 가능했던 엄청난 사건들이 사뭇 충격으로 다가온다.

저자가 나침반을 일컬어 '세계를 변화시킨 발명품'이라고 했던 것은 크게 두 가지 의미에서였다. 첫째, 미지의 바다와 땅을 드러내어 인류의 세계관을 완전히 바꿔놓았기 때문이고, 둘째, 그럼으로써 전 세계를 하나의 경제권으로 묶어주었기 때문이다.

나침반은 방위를 알려주는 간단한 장치에 불과하지만, 자기가 사는 마을을 벗어난 사람에게는 캄캄한 어둠을 밝혀주는 등불이기도 하다. 일찍이 인류는 자기가 살고 있는 이 지구라는 마을이 어떻게 생겼는지, 어디에 무엇이 있는지 미처 알지 못했다. 그런 인류에게 세계의 참모습을 보여준 것이 바로 나침반이었다.

데이바 소벨의 《경도》를 번역한 경험이 있어 이 책은 작업이 쉬울 거라고 생각했다. 서로 겹치는 부분이 많기 때문이다. 그러나 착각이었다. 오래 기다려주신 경문사 여러분께 감사드린다.

| 자료 출처에 대하여 |

　나침반의 기원에 얽힌 의문들을 밝혀내기 위해 나는 감춰졌던 수많은 자료들을 샅샅이 연구해야 했다. 주로 책, 원고, 전문 학술지의 논문 등이었는데, 그 중에는 도서관에서 쉽게 구할 수 없는 것도 허다했다. 더구나 영어로 되어 있지 않은 문헌도 많았다. 내가 참조한 문헌 중에서 꽤 많은 수가 몇백 년 전 유럽이나 중국에서 집필된 것들이었고, 비교적 최근의 자료인 19세기와 20세기의 학술서들은 이탈리아어, 프랑스어, 독일어 등으로 되어 있었다. 이 자료들을 번역하면서 어려움도 많았고 그만큼 보람도 컸다. 그래서 이 책을 쓰기 위한 조사 과정은 내 평생 가장 흥미진진한 일이었다.
　그러나 워낙 수많은 문헌들이 이용되었고 어차피 대부분의 독자들은 그것들을 구할 수 없을 것이므로 본문에서는 참고 문헌에 대해 자주 언급하는 것을 삼갔다. 일일이 출전을 밝히려면 페이지마다 각주를 몇 개씩 달아야 할 텐데, 그러면 이야기의 흐름이 자꾸 끊어지기 때문이다. 본문에서 출전을 밝히지 않은 대신에 각 장에서 사용된 자료 중에서 비교적 중요한 것들을 여기 간추려놓았다. 각각의 자료에 대해 저자와 연도를 밝혔으니 관심 있는 독자들은 이 글 다음에 나오는 '참고 문헌'을 참조하기 바란다.

1장 : 200년 전 프랑스어로 작성되어 나폴리에서 출판된 논문은 베난손의 것(Venanson, 1808)이다.

2장 : 나침반 이전 시대의 항해에 대한 자료는 주로 테일러의 책(Taylor, 1956)에서 구했다. 고대의 천문 관측에 대한 정보는 노이게바우어의 책(Neugebauer, 1952)에서 나온 것이다. 동물들의 자기 감지력에 대해서는 워커의 논문(Walker, 1997)을 보라. 최근 발견된 난파선에 대한 보고는 2001년 3월 27일 화요일자 《뉴욕 타임스》에 실린 윌리엄 J. 브로드(Broad)의 기사를 참조했다.

3장 : 유럽식 나침반은 네컴(Neckam, 1187), 프로빈스(Provins, 1208), 비트리(Vitry, 1220), 페레그리누스(Peregrinus, 1269; 번역본 1902), 초서(Chaucer, 1892), 메이(May, 1955), 마르쿠스(Marcus, 1956), 화이트(White, 1962), 크로이츠(Kreutz, 1973) 등의 책에 논의되었다. 단테의 작품은 앨런 맨들봄(Allen Mandelbaum)의 빼어난 번역본 《단테 알리기에리의 신곡(The Divine Comedy of Dante Alighieri)》(University of California Press, 1988)에서 인용했

다. 그밖의 이탈리아 시들은 내가 번역했다.

4장 : '바람의 탑'과 풍배도에 대한 언급은 모초(Motzo, 1947)와 크로이츠(Kreutz, 1973)의 것이다. 항해의 역사에 대한 다른 정보는 테일러(Taylor, 1956)에게서 얻었다.

5장 : 아말피 나침반에 대한 언급은 판사(Pansa, 1724), 베르텔리(Bertelli, 1901), 프로토피사니(Proto-Pisani, 1901), 아푸조(Apuzzo, 1964), 가르가노(Gargano, 1994) 등의 것이다.

6장 : 이탈리아식 나침반에 대한 핵심적인 참고 문헌은 마젤라(Mazzella, 1570)의 것이다. 그밖에 프로토피사니(Proto-Pisani, 1901), 포레나(Porena, 1902), 가르가노(Gargano, 1994)의 저서와 그 속의 참고 문헌들도 중요하다. 플라비오 조이아에 대해서는 누세의 책(Nuce, 1668)이 있다.

7장 : 중국에서 발명된 나침반에 대한 정보는 가우빌(Gaubil, 1732), 쳉(Tseng, 1935), 왕(Wang, 1949), 특히 리슈화(Li Shu-Hua, 1954)와 니덤(Needham, 1962)에게서 얻었다.

8장 : 베네치아의 역사에 대한 정보는 주로 레인(Lane, 1973)과 노리치(Norwich, 1982)의 책과 그 속의 참고 문헌에서 얻었다.

9장 : 마르코 폴로에 대한 정보는 그의 책(1298)과 패리의 책(Parry, 1974)에서 얻은 것이다.

10장 : 나침반이나 초기의 해도와 항로 안내서 등의 관련 도구에 대해서는 모초(Motzo, 1947)의 책에 자세히 설명되어 있다. 레인의 책(Lane, 1963)도 중요하다.

11장 : 나침반을 이용한 항해에 대한 내용은 모리슨(Morison, 1942), 마르쿠스(Marcus, 1956), 테일러(Taylor, 1956), 레인(Lane, 1963), 스팀슨(Stimson, 1990) 등의 글에서 인용했다. 패리의 책(Parry, 1974)도 참조하라.

| 참고 문헌 |

Alighieri, Dante. *The Divine Comedy*. Translated by Allen Mandelbaum. Berkeley: University of California Press, 1988.

Al-Kibjaki, Bailak. *The Book of the Merchants' Treasure*. Cairo, 1282.

Apuzzo, Aniello. *L'Invenzione della bussola e Flavio Gioia*. Naples: Rinascita Artistica, 1964.

Barberino, Francesco da. *I documenti d'amore*. Florence, 1318.

Bertelli, P. Timoteo. "Sull' anniversario della bussola." *Corriere di Napoli*, 22 May 1901.

_____. *Discussione della legenda di Flavio Gioia, inventore della bussola*. Pavia, 1901.

Broad, William J., "In an Ancient Wreck, Clues to Seafaring Lives." *The New York Times*, Tuesday, March 27, 2001.

Brown, Charles H. *Nicholl's Concise Guide to Navigation*. Glasgow: Brown, Son and Ferguson, 1989.

Casson, Lionel. "The *Isis* and Her Voyages." *Transactions of the American Philological Association* 81 (1950): 43-48.

Chaucer, Geoffrey. *The Complete Works of Geoffrey Chaucer*. Edited by Walter W. Skeat. London, 1892.

Gargano, Giuseppe. "Fortificazioni e marineria in Amalfi Angioina." *Rassegna del Centro di Cultura e Storia Amalfitana* 14 (December 1994): 101-3.

Gaubil, Antoine. *Observations mathématiques, astronomiques, géographiques, et physiques tirées des anciens livres Chinois.* Paris: Rollin, 1732.

Homer. *The Odyssey.* Translated by Robert Fitzgerald. New York: Random House, 1961.

Hourani, George Faldo. *Arab Seafaring in the Indian Ocean in Ancient and Early Medieval Times.* Princeton Oriental Studies, no. 13. Princeton, N.J.: Princeton University Press, 1951.

Kreutz, Barbara. "Mediterranean Contributions to the Medieval Mariner's Compass." *Technology and Culture* 14, no. 3 (July 1973): 367-83.

Lane, Frederic C. "The Economic Meaning of the Invention of the Compass." *The American Historical Review* 68, no. 3 (April 1963): 605-17.

_____. *Venice: A Maritime Republic.* Baltimore: Johns Hopkins University Press, 1973.

Leisegang, Hans. "The Mystery of the Serpent." In *The Mysteries: Papers from the Eranos Yearbooks.* Bollingen Series 30. New York: Pantheon, 1955.

Lipenico, V. Martino. *Navigatio Salomonis Ophirica.* Frankfurt, 1660.

Marcus, G. J. "The Mariner's Compass: Its Influence upon Navigation in the Later Middle Ages." *History* 61, no. 1 (1956): 16-24.

May, W. E. "Alexander Neckam and the Pivoted Compass Needle." *Journal of the Institute of Navigation* 8 (July 1955): 283-4.

Mazzella, Scipione. *Descrittione del Regno di Napoli.* Naples, 1570.

Meilink-Roelofsz, M. A. P. *Asian Trade and European Influence in the Indonesian Archipelago between 1500 and 1630.* The Hague: Nijhoff, 1962.

Morison, Samuel Eliot. *Admiral of the Ocean Sea: A Life of Christopher Columbus.* Boston: Little, Brown, 1942.

Motzo, B., ed. *Il Compasso da navigare.* Cagliari: University of Cagliari, 1947.

Needham, Joseph, F.R.S. *Science and Civilisation in China.* Volume 4, part 1, Physics. Cambridge: Cambridge University Press, 1962.

Neckam, Alexander. *De naturis rerum.* London, 1187.

Neugebauer, O. *The Exact Sciences in Antiquity.* Princeton, N.J.: Princeton University Press, 1952.

Norie, J. W. *Norie's Nautical Tables.* London: Imray, Laurie, Norie and Wilson, 1941.

Norwich, John J. *A History of Venice.* New York: Knopf, 1982.

Nuce, D. Angelus de. *Neapolitanus.* Paris, 1668.

Pansa, F. M., ed. *Istoria.* Naples, 1724.

Parry, J. H. *The Discovery of the Sea.* New York: Dial Press, 1974.

Peregrinus, Peter. *Epistle to Suggerus of Foncaucourt, Soldier, Concerning the Magnet.* 1269. English translation: London, 1902.

Polo, Marco. *The Travels.* 1298. English translation by Ronald Latham. New York: Penguin, 1996.

Porena, Filippo. *Flavio Gioia: inventore della bussola moderna.* Rome: Direzione della Nuova Antologia, 1902.

Proto-Pisani, Nicolangelo. *Sull'origine della bussola.* 1901. Reprint, Salerno: Libreria Antiquaria Editrice, 1973.

Provins, Guyot de. *La Bible.* Cluny, 1208.

Schück, Albert. *Der Kompass.* 3 Volumes. Hamburg: Selbsverlag des Verfassers, 1911-18.

Shu-Hua, Li. "Origine de la boussole." *Isis* 45 (1954): 175-96.

Sobel, Dava. *Longitude.* New York: Walker, 1995.

Stimson, Alan. "The Longitude Problem: The Navigator's Story." In *Quest for Longitude*, edited by William J. H. Andrewes. Cambridge, Mass.: Collection of Historical Scientific Instruments, Harvard University, 1996.

Taylor, Eva G. R. *The Haven-Finding Art: A History of Navigation from Odysseus to Captain Cook.* London: Hollis and Carter, 1956.

Tseng, K. L. *Collection dans le K'in-ting.* Shanghai: Commercial Press, 1935.

Venanson, Flaminius. *De l'invention de la boussole nautique.* Naples, 1808.

Vitry, Jacques de. *Historiae Hierosolymitanae.* Paris, 1220.

Walker, Michael, et al. "Structure and Function of the Vertebrate Magnetic Sense." *Nature* 390 (1997): 371-6.

Wang, T. "Aiguille montre-sud." *Chinese Journal of Archaeology* 4 (1949).

White, Lynn, Jr. *Medieval Technology and Social Change*. New York: Oxford University Press, 1962.

Winter, Heinrich. "Who Invented the Compass?" *Mariner's Mirror* 23, no. 1 (1937): 95-102.

| 감사의 말 |

하코트 출판사의 제인 아이제이에게 감사한다. 나의 편집자인 동시에 친구인 그녀는 나침반에 대한 책을 써보자는 멋진 아이디어를 나와 함께 생각해냈다. 그리고 내가 이 책을 완성하기까지 오랜 기간 동안 한결같은 인내심을 가지고 격려와 지원을 아끼지 않았다. 제니퍼 아지즈에게도 감사한다. 그녀는 이 책에 사용된 그림이나 도표들을 구하기 위해 한없는 노력을 기울였고 원고를 준비하는 과정도 도와주었다. 원고를 꼼꼼히 교정하면서 많은 것을 제안하고 바로 잡아주었던 레이첼 마이어스에게도 감사한다. 많은 조언과 제안을 해주면서 이 책의 제작 과정을 진행했던 데이비드 허프에게도 감사한다.

이 책을 위해 자료를 조사하고 집필하는 기간 동안 내가 브랜다이스 대학의 객원 교수로 일할 수 있도록 도와주었던 대니얼 루버맨 교수에게도 감사한다. 이번 프로젝트를 완성하는 데 필요한 희귀본들을 구할 수 있도록 도와주었던 브랜다이스 대학과 벤틀리 대학의 도서관 사서들에게도 감사한다.

가장 고마웠던 분은 '아말피 문화 역사 센터'의 주세페 코발토 씨다. 그는 내가 나침반의 역사에 얽힌 대단히 중요한 여러 문헌들을 열람할 수 있게 해주었다. 코발토 씨와 동료들이 편집하고 아말피 센터에서 발행하는 정기 간행물 《아말피 문화 역사 센터 평론》도 이 책을 준비하는 데 유용했다.

항해에 사용된 중국의 옥판玉板 사진을 이 책에 싣도록 허락해준 하이파의 국립 해양 박물관 관장에게 감사한다. 그 허락을 신속히 받아낼 수 있도록 도와준 힐렐 야르코니 선장에게도 감사한다.

'에트루리아 청동 램프'의 사진을 싣도록 친절히 허락하고 또한 이 유물에 대해 흥미진진하게 설명해준 토스카나 주 코르토나 소재 에트루리아 학술 박물관의 관장 파올로 브루셰티 박사에게 감사한다.

마지막으로, 나의 아내 데브라의 도움과 격려에 감사하며 이 책을 헌정한다.

| 찾아보기 |

ㄱ

가르가노, 주세페 Gargano, Giuseppe 83
《경도 Longitude》 31
고대 스칸디나비아인 28
고대 에트루리아의 점복술 59
고드프루아 Godefroi de Bouillon 110~111
구자라트 Gujarat 130
구종석 寇宗奭 132
귀니첼리, 귀도 Guinizelli, Guido 43
귀요 드 프로뱅 Guyot de Provins 42
《그림으로 보는 이탈리아 Italia illustrata》 74
기스카르, 로베르토 Guiscard, Roberto 69, 109~110

ㄴ

나침도 羅針圖 138, 139, 140
나폴레옹 121
나폴리 20, 65~72, 74, 76, 81, 84~85
낙소스 Naxos 119
네게브 Negev 51
네아폴리스 Neapolis 66
《네이처 Nature》 29
네컴, 알렉산더 41, 125
노토스 Notos 53~56
《논형 論衡》 92
니덤, 조지프 Needham, Joseph 89
《니콜 항로 안내서 Nicholl's Concise Guide to Navigation》 56
니콜로 Nicolò 114, 126~127, 130

ㄷ

다 가마, 바스코 da Gama, Vasco 148
다티, 레오나르도 Dati, Leonardo 46
단치히 Danzig 144
단테 알리기에리 Dante Alighieri 18, 41, 44~45, 47~48, 80, 112
달로르토 74
달마티아 Dalmatia 119
대 플리니우스 Pliny the Elder 67
《대양 스타디아스무스 Stadiasmus of the Great Sea》 135
대탐험 시대 120, 143, 149~150, 154, 159, 163
대한 大汗 127
도선사 導船士 25
《동방견문록》 125, 133
드레이크, 프랜시스 Drake, Francis 156, 159
디, 존 Dee, John 45
디아스, 바르톨로뮤 Dias, Bartholomeu 151

ㄹ

라벤나 Ravenna 107, 114
《라 스페라 La Sfera》 46
레반트 Levant 43, 109, 115
로도스 Rodos 섬 27, 110, 141
로도스 항 27
로제타석 Rosetta stone 64
로카포르테 호 118, 163
롬바르드족 105, 107
《루니타 카톨리카 L'Unita Cattolica》 77, 80
루지에로 2세 II 67

리디lidi 108, 113
리보알토Rivoalto 107, 114
리슈화李書華 92~93, 132
린도스Lindos 27

ㅁ

마누엘 1세 Manuel I 152
마르키즈Marquises 23
마리아나 제도 157
마우로 수사 143
마젤란, 페르디난드 Magellan, Ferdinand 154~159, 163~164
마젤란 해협 155~157
마첼라, 시피오네 Mazzella, Scipione 81
마카오 154
마파문디 mappamundi 140
마페오 Maffeo 126~127, 130
말라모코 Malamocco 107~108, 114
말라바르 Malabar 123, 130
말라카 Malacca 153
말레아 Malea 곶 26
메넬라오스 26
메시나 해협 15
메이플라워 호 118
모스토, 알비세 카다 Mosto, Alvise Ca'da 136
모초, 바키시오 Motzo, Bacchisio 58
몬순 147
몬테베르디 Monteverdi 119
몰루카 제도 153, 158~159
몰타 23, 25
《몽계필담夢溪筆談》 96
몽골족 124~125
몽염蒙恬 99
《무경총요武經總要》 92~93, 102, 132
무라노 Murano 106, 114
무수 선회축형 나침반 45, 96

무수 자기 나침반 97
뮈스타이 mystai 62

ㅂ

바람의 탑 52~54
바르베리노, 프란체스코 다 Barberino, Francesco da 46
바르테마, 로도비코 디 Varthema, Lodovico di 153
바빌로니아의 60진법 30
배수량 118
베네티아 Venetia 104
베르길리우스 Vergilius 47
베르텔리, 티모테오 Bertelli, Timoteo 19, 77
베링 Bering 160
베스콘테 Vesconte 73, 138~140
베스푸치, 아메리고 Vespucci, Amerigo 154
베카델리, 안토니오 Beccadelli, Antonio 73
보나벤투라 Bonaventura 48
보두앵 1세 Baudouin I 115
보레아스 Boreas 53~54
《본초연의本草衍義》 132
부솔라 bussola 17, 48~49, 84, 88, 136
부솔라 나우티카 49
부티, 프란체스코 다 Buti, Francesco da 48~49
북극성 33~35, 43~46, 48, 129~130
북두칠성 33~34, 90~92, 101
비단길 123
비발디 119
비블로스 Byblos 32
비온도, 플라비오 Biondo, Flavio 74, 77~83
비의종교秘儀宗敎 62
비잔티움 104, 107
비트리, 자크 드 Vitry, Jacques de 43

ㅅ

사그레스 Sagres 145
사남 司南 92
《사랑의 기록 Documenti d'Amore》 46
《사림광기 事林廣記》 95
사모트라케 Samothrace 62, 131
《사물의 본성에 관하여 De Naturis Rerum》 41
삭구 索具 112
산안토니오 호 156
산타마리아 호 118
산토리니 22
살라흐 Salāh 124
상가브리엘 São Gabriel 149
상라파엘 São Rafael 149
상자형 나침반 48, 66, 88
샤를마뉴 Charlemagne 107
선기 璿璣 34~35
〈성서 La Bible〉 42
세인트폴 만 25
세차 歲差 34
세키에라, 디에구 로페스 데 Sequiera, Diego Lopez de 153
소 플리니우스 67
소벨, 데이바 31
솔다이아 Soldaia 120, 126~127
수니온 Sunion 곶 26
수마트라 153
스트롬볼리 섬 16
시리우스 30, 32, 37
시에라리온 Sierra Leone 150
시칠리아 섬 15
《신곡》 47~48, 113
실리 제도 145
심괄 沈括 96
12궁 30, 36
12방위 체계 52, 63

ㅇ

아르게스테스 Argestes 54
아르고 Argo 62
아르세날레 Arsenale 112
아르시노에이온 Arsinoeion 62
아말피 문화 역사 센터 20, 161
아스널 Arsenal 112, 163
아조레스 Azores 제도 145, 158
아크투루스 Arcturus 36
아틸라 Attila 105
아펠리오테스 Apeliotes 53~54
아프리카의 뿔 150
안드로니코스 Andronicus 52
알라리크 1세 Alaric I 104
알렉산데르 6세 Alexander VI 146
알렉시우스 1세 Alexius I 70, 110
알비노니 Albinoni 119
알폰소 1세 Alfonso I 68, 74
앙주의 카를로 67, 84
얌 Yam 51
에트루리아 샹들리에 51, 60~62, 64
에트루리아 학술 박물관 59~60
에트루리아인 57~59, 63
엔리케 Henrique O Navegador 145, 148
여덟 바람 풍배도 55
열잔류 자화 93
오디세이 13, 26
오르페우스 밀교 58, 61
왕망 王莽 90~91
왕충 王充 92
용골 龍骨 112
위성 항법 장치 146, 166
육분의 32, 146, 166
이븐 마지드, 아흐마드 Ibn-Mādjid Ahmād 152

이스트리아 Istria 107, 114
이오니아 해 15, 110
이응시 李應試 100
인디코플레우스테스, 코스마스 Indicopleustes, Cosmas 123

ㅈ

자기 나침반 7, 8, 11~12, 17, 29, 41~42, 45, 48, 56, 58~59, 64, 72~73, 82, 86, 90~92, 96~103, 115~118, 125~126, 129~131, 133, 136, 141~143, 146, 151, 157, 160~164, 166
자기극 磁氣極 29
자기장 9~10, 29, 93
자남극 磁南極 10
자북극 磁北極 10~11, 45, 101
《자석 De Magnete》 85
《자석에 관하여 병사 시제리우스 드 포쿠쿠르에게 보내는 서한 Epistle to Sigerius de Faucoucourt, Soldier, Concerning the Magnet》 45
자철석 磁鐵石 8, 9, 43, 62, 89~93, 95, 97, 140
자파 Jaffa 110, 120
잔지바르 Zanzibar 148
적경 赤經 36
점성술 30, 64
제노바 66, 70, 73, 110, 116, 118~120, 124, 141~142, 152
제퓌로스 Zephyros 53~54
조이아, 플라비오 Gioia, Flavio 17~19, 75~77, 80~88, 166~167
조타륜 13~15
지남시 指南匙 90, 92, 95
지남침 指南針 98
지침면 指針面 8, 27, 47~48, 73, 88

지침 指針 8, 46
진북극 眞北極 10~11

ㅊ

차폰 Tsafon 51
천랑성 天狼星 30
천측반 天測盤 146, 160
추측 항법 115, 140, 146~148
측심법 測深法 38, 144
측심연 測深鉛 25
측연선 測鉛線 24, 144~145
치윤법 置閏法 30
칭기즈 칸 125

ㅋ

카날레토 Canaletto 119
카노, 세바스티안 델 Cano, Sebastian del 158
카라벨 caravel 149
카라코룸 Karakorum 124
카레스 Chares 27
카로, 루크레치오 Caro, Lucrezio 78
카르타 피사나 Carta Pisana 73, 136~138
카브랄, 페드루 알바레스 Cabral, Pedro Alvares 153
칼라브리아 반도 15
케뎀 Kedem 51
케이프베르데 Cape Verde 150~151, 154, 158
《코리에레 디 나폴리 Corriere di Napoli》 76
코모린 Comorin 곶 129~130
코스티에라 아말피타나 Costiera Amalfitana 17
코차브 Kochab 34
코피 다란티나 Coppa Tarantina 61
콘스탄티노플 67~69, 104, 115, 120, 124, 126~127, 130~131
콜럼버스 18, 118, 146~147, 154, 163

183

콜체스터Colchester 85
콤파소 84, 136, 140
콤파소, 바르톨로메오Compasso, Bartolomeo 84
쿡, 제임스Cook, James 160
쿤바스Kunbâs 140
크레타 21, 22, 26, 119~120, 135, 142
큰곰자리 34, 36, 101
클레멘스, 새뮤얼Clemens, Samuel 24
클리어 곶 145

ㅌ

타불라 데 아말파Tabula de Amalpha 70, 73
타타르족 125
탈레스Thales 34
테오필락투스Theophylactus 124
테일러E.G.R. Taylor 53
트웨인, 마크Twain, Mark 24
티레니아 해 15~16
티모스테네스, 아리스토틀Timosthenes, Aristotle 54
티치아노Tiziano 119
틴토레토Tintoretto 119

ㅍ

파타고니아Patagonia 155
페레그리누스, 페트루스Peregrinus, Petrus 45
펠로폰네소스 반도 26
편각偏角 11, 160
평저선平底船 113
《평주가담萍洲可談》 98
포르톨라노portolano 136, 138
폰돌란드Pondoland 151
폴라리스Polaris 34
폴로, 마르코Polo, Marco 119, 123, 125~134, 153

풍배도風配圖 48~49, 52, 54~56, 58, 63~64, 73, 86, 88, 116, 135~136, 138~139, 141, 164
풍수학 98~100, 129, 162
프리드리히 2세Friedrich II 67
프톨레마이오스 2세Ptolemaeos II 54
플레이아데스Pleiades 36
플리니우스Plinius 32, 104
플리머스Plymouth 144
《피난처를 찾는 기술The Haven-Finding Art》 53
피에르Pierre 45
피오, 잠바티스타Pio, Giambattista 78, 82
피치가니, 마르코Pizzigani, Marco 140
피치가니, 프란체스코Pizzigani, Francesco 140
피핀Pippin 107~108

ㅎ

하이파haifa 35, 110
할둔, 이븐Khaldūn, Ibn 140
항풍恒風 27, 141~142, 150, 156
항해용 나침반 42, 49, 74
헬리오스 27
현대 나침반의 풍배도 55
호메로스 26
호헨슈타우펜Hohenstaufen 67
혼 곶Cape Horn 160
황도黃道 30, 32, 35~37, 115, 128
회전 나침반 164
흘수吃水 23